コンパクトシリーズ　数学

数値計算【第二版】

河村哲也　著

インデックス出版

Preface

大学で理工系を選ぶみなさんは、おそらく高校の時は数学が得意だったのではないでしょうか。本シリーズは高校の時には数学が得意だったけれども大学で不得意になってしまった方々を主な読者と想定し、数学を再度得意になっていただくことを意図しています。それとともに、大学に入って分厚い教科書が並んでいるのを見て尻込みしてしまった方を対象に、今後道に迷わないように早い段階で道案内をしておきたいという意図もあります。

数学は積み重ねの学問ですので、ある部分でつまずいてしまうと先に進めなくなるという性格をもっています。そのため分厚い本を読んでいて、枝葉末節にこだわると読み終えないうちに嫌になるということが多々あります。このような時には思い切って先に進めばよいのですが、分厚い本だとまた引っかかる部分が出てきて、自分は数学に向かないとあきらめてしまうことになりかねません。

このようなことを避けるためには、第一段階の本、あるいは読み返す本は「できるだけ薄い」のがよいと著者は考えています。そこで本シリーズは大学の２～３年次までに学ぶ数学のテーマを扱いながらも重要な部分を抜き出し、一冊については本文は 70 ～ 90 頁程度（Appendix や問題解答を含めてもせいぜい 100 ～ 120 頁程度）になるように配慮しています。具体的には本シリーズは

微分・積分
線形代数
常微分方程式
ベクトル解析
複素関数論
フーリエ解析・ラプラス変換
数値計算

の７冊からなり、ふつうの教科書や参考書ではそれぞれ 200 ～ 300 ページになる内容のものですが、それをわかりやすさを保ちながら凝縮しています。

なお、本シリーズは性格上、あくまで導入を目的としたものであるため、今後、数学を道具として使う可能性がある場合には、本書を読まれたあともう一度、きちんと書かれた数学書を読んでいただきたいと思います。

河村 哲也

第二版への序

本書はコンパクトシリーズ数学の中の 1 冊で数値計算のやさしい解説書です。本をできるだけコンパクトにして数値計算の全体が見通せるようにし、敷居も低くしたため、幸い多くの方々に読んでいただきました。

本の在庫が切れたタイミングに誤植をなおすとともに、サンプルプログラムとして C および Excel と今はやりの Python を加えました。この改訂によりさらに多くの方に数値計算の面白さを知っていただければ幸いです。なお、環境流体研究所の中村真二氏にはもとの Fortran プログラムを C と Excel および Python に翻訳していただきました。ここに記して感謝いたします。

2021 年 7 月

河村 哲也

目　次

Chapter 1

数値計算の基礎

本章では，導入としていくつかの簡単な例をとおして，数値計算とはどのようなものか，そして数値計算を行う上でどのような点に注意すべきかを述べることにします．

1.1 アルゴリズム

数学的には同じ答が得られる計算であっても計算の方法を工夫することにより計算量を減らせることがあります．例を 2 つほどあげます．

Example 1.1.1

x^{32} の計算の乗算回数を求めなさい．

[Answer]

ふつうに計算すれば，

$$x \times x \times \cdots \times x \tag{1.1.1}$$

というように x を 31 回掛け算することになります．しかし，

$$a = x^2 \tag{1.1.2}$$

とおき，同様に

$$b = a^2 \ (= x^4)$$

$$c = b^2 \ (= x^8)$$

$$d = c^2 \ (= x^{16})$$

$$e = d^2 \ (= x^{32}) \tag{1.1.3}$$

と計算すれば掛け算は 5 回ですみます．

Example 1.1.2

4 次式の計算の乗算回数を求めなさい．

[Answer]

$$y_4 = a_0x^4 + a_1x^3 + a_2x^2 + a_3x + a_4 \tag{1.1.4}$$

の右辺を計算することを考えます．このまま計算すると，第 1 項に対しては x^4 の計算に 3 回の掛け算が必要で，それに a_0 を掛けるので合計 4 回の掛け算が必要です．同様に 2，3，4 項の計算にはそれぞれ 3，2，1 回の掛け算が必要なので全体では掛け算は

$$4 + 3 + 2 + 1 = 10 \text{ 回} \tag{1.1.5}$$

必要になります．また足し算は4回となります．ただし，x^4 を計算する場合には，すでに x^2 と x^3 の計算は済んでいるのでそれを利用することにすれば，掛け算の回数は

$$4 + 1 + 1 + 1 = 7 \text{ 回} \tag{1.1.6}$$

に減ります．
一方，上式は

$$y_1 = a_0x + a_1$$

$$y_2 = y_1x + a_2$$

$$y_3 = y_2x + a_3$$

$$y_4 = y_3x + a_4$$

という計算に分解できます．このことは上から順に代入することにより確かめられます．ここで，それぞれの式では 1 回の掛け算と 1 回の足し算を行っているため，合計 4 回の掛け算と 4 回の足し算で計算できます．

これらの例ではある数値を計算するために 2 つの計算法を比較しました．一般に，目的となる数値を得るために行う一連の計算方法を**アルゴリズム**とよんでいますが，上の例のように，同一の結果を得るアルゴリズムはひとつではありません．計算量の観点からいえば，上の 2 つの例ではあとに述べたものの方が優れています．

1.2　漸化式と反復法

Example 1.1.2 を一般化して，n 次多項式

$$y = a_0x^n + a_1x^{n-1} + a_2x^{n-2} + \cdots + a_{n-1}x + a_n \tag{1.2.1}$$

の値を求める問題を考えます．この場合も

$$\begin{aligned} y_1 &= a_0x + a_1 \\ y_2 &= y_1x + a_2 \\ &\vdots \\ y_n &= y_{n-1}x + a_n \end{aligned} \tag{1.2.2}$$

とおき，上から順に y_1，y_2，$\cdots$ y_n を計算します．この手続きは，以下のようにまとめられます：

Point

多項式の値

$y_0 = a_0$ とおく

$i = 1,\ 2,\ \cdots,\ n$ の順に次式を計算する：　(1.2.3)

$$y_i = y_{i-1}x + a_i$$

これが多項式の値を求めるひとつのアルゴリズムです．

y_i を数列と考えたとき，式(1.2.3)のように数列の近接した項の間に関係式が与えられた場合，その関係式を**漸化式**といいます．漸化式は数値計算ではいたるところに現れます．

漸化式の応用例として，2 次方程式

$$x^2 - x - 1 = 0 \tag{1.2.4}$$

を考えます．この方程式は

$$x = 1 + \frac{1}{x} \tag{1.2.5}$$

と変形できます．そこで，この式から漸化式

$$x_{i+1} = 1 + \frac{1}{x_i} \tag{1.2.6}$$

をつくり，$x_0 = 1$ からはじめて，x_1，x_2，x_3，$\cdots$ を計算すると

$$1,\ 2,\ 1.5,\ 1.6667,\ 1.6250,\ 1.6154,\ 1.6190,\ 1.6176,\ \cdots$$

となります．
この数列から，上の漸化式の値はある一定の数に近づくことが予想できます．この一定値はもとの 2 次方程式のひとつの根

$$\alpha = \frac{1+\sqrt{5}}{2} = 1.6181\cdots \tag{1.2.7}$$

です．なぜなら，一定値 α に落ち着いたとすれば，漸化式の右辺の x_i も左辺の x_{i+1} も共に α となるので，α は方程式

$$\alpha = 1 + \frac{1}{\alpha} \tag{1.2.8}$$

を満足するからです．逆にいえば，漸化式(1.2.6)は 2 次方程式(1.2.4)の根を求めるひとつの方法になっています．このように漸化式を利用して方程式の根を求める方法を**反復法**とよびます．また反復法に利用される漸化式を特に**反復式**とよんでいます．

方程式(1.2.4)を解く反復式は一通りではありません．たとえば，式(1.2.4)から

$$x = \sqrt{x+1} \tag{1.2.9}$$

という式も得られ，少し変わったものとしては

$$x = \frac{x^2+1}{2x-1} \tag{1.2.10}$$

という式にも変形できます．なぜ後者の式を選んだかは次章で明らかになります．そこで，これらの式からそれぞれ次の反復式

$$x_{i+1} = \sqrt{x_i+1} \tag{1.2.11}$$

$$x_{i+1} = \frac{x_i^2+1}{2x_i-1} \tag{1.2.12}$$

が得られます．共に $x_0 = 1$ からはじめて順次計算を進めれば，式(1.2.11)では

$$1,\ 1.4142,\ 1.5538,\ 1.5981,\ 1.6118,\ 1.6161,\ 1.6174,\ \cdots$$

となり，式(1.2.12)では

$$1,\ 2,\ 1.6667,\ 1.6190,\ 1.6180,\ \cdots$$

となります．式(1.2.11)では数列は単調増加しながら正解に近づきます．一方，式(1.2.12)では他の 2 つの反復式より速く正解に近づくことがわかります．

1.3　誤差

コンピュータでは最終的には電圧の高低でふたつの状態を区別します．そこで例えば電圧の高い場合を 1，低い場合を 0 とすれば，内部の状態は 2 進数で表されます．したがって，数値も最終的には 2 進数で表現されます．その場合，コンピュータでは無限桁の計算ができないので，数値は 16 桁とか 32 桁といった有限の桁数で表されます．一方，実数を小数で表したとき無限桁になることがふつうであり，またたとえば 0.1 のように，たとえ 10 進数では有限桁の数であっても 2 進数では無限桁になってしまうこともあります．このような場合には，表現しきれない桁に対して切り捨てや四捨五入が行われます．したがって，コンピュータには必然的に誤差が入ることになります．このように，本来無限桁の数を有限桁で表現するために生じる誤差を**丸め誤差**とよんでいます．

別の種類の誤差もあります．このことを理解するために，三角関数や指数関数の値など，本来は四則演算では計算できない値を求めることを考えてみます．実はコンピュータで三角関数や指数関数の値を計算する場合には，これらの関数を四則演算で計算可能な近似式で代用しています．具体的には多項式を用いることが多いのですが，その場合，数学的には無限の項をもった多項式を用いないと正確には一致しません．一方，コンピュータでは無限項の計算はできないため，有限項で打ち切ってしまいます．このとき必然的に誤差が生じますが，このような誤差を**打ち切り誤差**とよんでいます．

誤差はコンピュータでは避けられないものなので，それが計算結果に悪影響を及ぼさないようにアルゴリズムの側で注意する必要があります．以下にアルゴリズムの選択が特に重要な場合を $x(\sqrt{x^2+1}-x)$ の計算を例にとって説明します．

仮にあるコンピュータの有効数字が 8 桁であったとします．たとえば $x=10^4$ のときの関数値を計算する場合(正確な値は 0.49999999875…)，根号内は正確には 10^8+1 となりますが，有効数字が 8 桁なので 1 は無視され，10^8 とみなされます．このように大きさが極端に違う 2 数の加減を行うとき，絶対値が小さな数が無視される現象を**情報落ち**といいます．したがって，計算結果は

$$10^4(\sqrt{10^8+1}-10^4)=10^4(\sqrt{10^8}-10^4)=10^4(10^4-10^4)=0 \tag{1.3.1}$$

となり，正解からは大きくはずれます．実はこの場合の根号内の 1 は大切な情報を含んでいたことになります．

次にもとの式を次のように変形してみます．

$$x(\sqrt{x^2+1}-x)=x\frac{(\sqrt{x^2+1}-x)(\sqrt{x^2+1}+x)}{\sqrt{x^2+1}+x}=\frac{x}{\sqrt{x^2+1}+x} \tag{1.3.2}$$

この式に $x=10^4$ を代入して情報落ちを考慮に入れて計算すれば

$$\frac{10^4}{\sqrt{10^8+1}+10^4}=\frac{10^4}{10^4+10^4}=0.50000000 \tag{1.3.3}$$

となり，正解に近い数値が得られます．

有効数字がもっと多いコンピュータを用いて情報落ちが防げたとします．しかし，この場合でもこの例の式をそのままの形で計算することはあまりよい方法とはいえません．その理由は以下のとおりです．すなわち，$\sqrt{10^8+1}=10000.00005$ ですが，そこに現れる 0 を含めた各数字は有効数字で重要な意味をもちます．このとき $\sqrt{10^8+1}-10^4$ を計算すれば 0.00005 となりますが，ほぼ同じ値をもつ 2 つの数の差を計算したため 5 より左の有効数字が失われてしまいます．同じようなことが，8 個の有効数字をもつ 2 つの数の引き算

$$0.12345687-0.12345678 \tag{1.3.4}$$

についてもいえます．このとき計算結果の有効数字は 1 桁になります．このようにほぼ等しい 2 つの数の差を計算したとき，有効数字の桁が殆どが失われる現象を**桁落ち**とよんでいます．桁落ちは数値計算でもっとも注意しなければならない現象のひとつです．

Example 1.3.1

係数の絶対値が極端に異なる2次方程式

[Answer]

2次方程式

$$ax^2 + bx + c = 0 \tag{1.3.5}$$

の根は，ふつう根の公式

$$x = \frac{-b \pm \sqrt{b^2 - 4ac}}{2a} \tag{1.3.6}$$

で求めます．しかし，b^2 が $4ac$ よりずっと大きい場合には問題がおきます．なぜなら，そのようなときには

$$\sqrt{b^2 - 4ac} \sim |b| \tag{1.3.7}$$

なので，上式の分子の計算において，＋または－の計算のどちらかで桁落ちが起きるからです．この場合，桁落ちを防ぐには以下のようにします．まず，$b > 0$ のときは

$$x_1 = \frac{-b - \sqrt{b^2 - 4ac}}{2a} \tag{1.3.8}$$

に対しては桁落ちが起きないため，この式を用いてひとつの根を求めます．もうひとつの根は，公式を用いずに根と係数の関係

$$x_1 x_2 = \frac{c}{a} \tag{1.3.9}$$

から求れば桁落ちは起きません．$b < 0$ の場合も同様にして，ひとつの根を

$$x_2 = \frac{-b + \sqrt{b^2 - 4ac}}{2a} \tag{1.3.10}$$

から求め，もうひとつの根を根と係数の関係から求めます．

Problems　　Chapter 1

1. n 次の行列式を展開して計算する場合の乗算回数を求めなさい.

2. e^x の近似値 s を n を適当な整数として

$$s = 1 + \frac{x}{1!} + \frac{x^2}{2!} + \cdots + \frac{x^n}{n!} \text{ と } s = \frac{x^n}{n!} + \cdots + \frac{x^2}{2!} + \frac{x}{1!} + 1$$

で求める場合どちらがよいか考えなさい.

3. x を近似値, $\bar{x}$ を真の値としたとき $\varepsilon(x) = |\bar{x} - x|$（絶対誤差）に対して次式が成り立つことを示しなさい（$\bar{B} \neq 0$）.
   (a) $\varepsilon(AB) \fallingdotseq \bar{B}\varepsilon(A) + \bar{A}\varepsilon(B)$
   (b) $\varepsilon(A/B) \fallingdotseq \varepsilon(A)/\bar{B} - \bar{A}\varepsilon(B)/\bar{B}^2$

Chapter 2

単一方程式の根

1 次方程式や 2 次方程式の根を求める場合には根の公式があるのでわざわざ数値的に数字の形で根を求める必要はありません．3 次方程式や 4 次方程式も少し複雑ですが，根の公式があります．しかし，5 次以上の代数方程式に対して，解は確かに存在しますが根の公式は存在しません．そのような場合の根の求め方，さらに代数方程式でない場合，たとえば $\cos\,x = x^2$ といったように，ふつうの方法では解けそうにもない方程式の根の求め方について本章で説明します．

2.1 ニュートン法

ニュートンは運動の法則や万有引力の法則を発見しただけでなく，微分積分の創始者としても有名です．本節では微分を使って方程式の根を数値的に求める**ニュートン法**とよばれる方法を紹介します．

はじめに，根を求めたい方程式を

$$f(x) = 0 \tag{2.1.1}$$

という形に変形します．ここで $f(x)$ は x の関数を意味し，たとえば上の例では

$$f(x) = \cos\,x - x^2 \tag{2.1.2}$$

となります．ニュートン法は方程式(2.1.1)の実根が，関数

$$y = f(x) \tag{2.1.3}$$

と x 軸($y = 0$)との交点であることを用います．すなわち，図 2.1.1 において，$f(x) = 0$ の根は α です．そこでこの α をなるべく精度よく求めることを考えます．いま任意の数 a を方程式の近似値としてとります．関数 $y = f(x)$ を表す曲線上においてこの値に対応する点を P とすれば P の座標は図 2.1.2 に示

すように$(a,\ f(a))$となります．そこでこの点において曲線に接線を引き，その接線とx軸との交点をQとします．この点Qのx座標をbとしたとき，図2.1.2からbはもとのaよりもよい近似値になっていると考えられます．そこで，点Qに対応する曲線上の点Rにおいて接線を引き，その接線とx軸の交点をSとします．Sの座標値をcとすれば，cはbよりさらによい近似になります．以下，この手続きを続ければ真の解αにいくらでも近づくと考えられます．

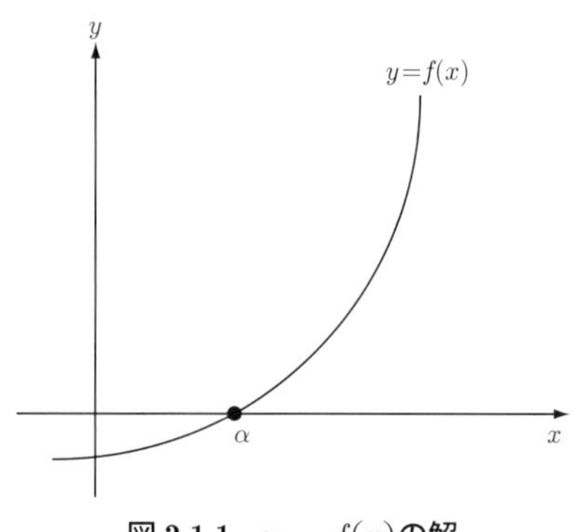

図 2.1.1　$y = f(x)$**の解**

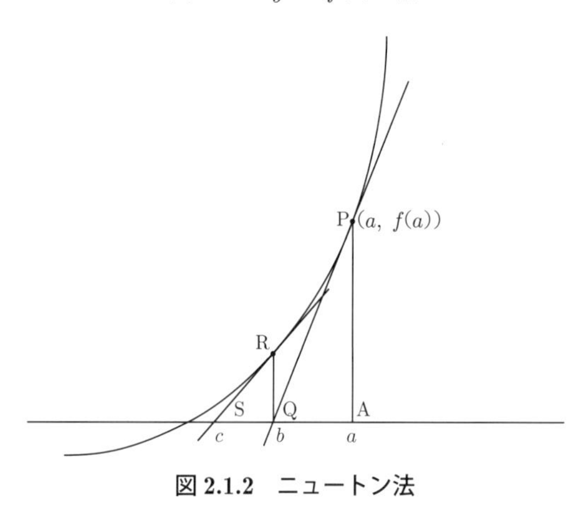

図 2.1.2　ニュートン法

それではこの手続きを具体的に式の形で表現してみます．点Pでの接線の傾きは図2.1.2から

$$\frac{PA}{AQ} = \frac{f(a) - 0}{a - b} \tag{2.1.4}$$

となります．一方，この接線の傾きは導関数を用いれば，$f'(a)$とも書けます．したがって，

$$f'(a) = \frac{f(a) - 0}{a - b} \tag{2.1.5}$$

となり，この式を b について解けば

$$b = a - \frac{f(a)}{f'(a)} \tag{2.1.6}$$

が得られます．これがニュートン法の基礎式になります．

さて,ニュートン法のように,任意の値からはじめて近似の精度を上げて徐々に真の値に近づけていく場合には，数列の形で根の近似値を表現するのが便利です．すなわち，上の場合には

$$a \to b \to c \to \cdots \to \alpha \tag{2.1.7}$$

となります．このようなとき，a, b, c, …という名前より，x_0, x_1, x_2, …というように添え字をつけた変数で書いた方がわかりやすくなります．ここで x_0 は最初に用いた推定値すなわち**初期値**(出発値)で，x_1 は第 1 近似，x_2 は第 2 近似，…となります．いま x_n を第 n 近似，x_{n+1} を次の第 $n+1$ 近似とすれば，式(2.1.6)は

Point

ニュートン法

$$x_{n+1} = x_n - \frac{f(x_n)}{f'(x_n)} \tag{2.1.8}$$

となります．式(2.1.8)は前章で述べた漸化式の形をしており，$n = 0$ からはじめて n をひとつずつ増加させながら，右辺を計算していくことにより

$$x_0 \to x_1 \to x_2 \to \cdots \tag{2.1.9}$$

の順に近似の精度が上がることになります．そこで，今後，式(2.1.8)をニュートン法の基礎式とします．

一般的な話が続いたので，具体的な例をあげてニュートン法の理解を深めることにします．

式(2.1.8)において

$$f(x) = x^2 - a \tag{2.1.10}$$

とおいてみます．ただし, $a > 0$ とします．このとき $f'(x) = 2x$ より, 式(2.1.8)は

$$x_{n+1} = x_n - \frac{x_n^2 - a}{2x_n} = \frac{1}{2}\left(x_n + \frac{a}{x_n}\right) \tag{2.1.11}$$

となります．もとの方程式の解はもちろん $\sqrt{a}$ または $-\sqrt{a}$ ですから，上の漸化式は a の平方根を求める式になります．

それでは $a = 2$ として具体的に 2 の平方根を求めてみます．初期値として $x_0 = 1$ とすれば

$$x_1 = \frac{1}{2}\left(1 + \frac{2}{1}\right) = \frac{3}{2} = 1.5$$

$$x_2 = \frac{17}{12} = 1.41666662\cdots$$

$$x_3 = \frac{577}{408} = 1.41421568\cdots$$

$$x_4 = \frac{665857}{470832} = 1.41421353\cdots \tag{2.1.12}$$

となります．一方,

$$\sqrt{2} = 1.41421356\cdots \tag{2.1.13}$$

です．このようにニュートン法はかなり速く正解に近づくことがわかります．

次にニュートン法が収束の速い方法である理由を上の例について考えてみます．x_{n+1} と厳密解の差を計算すると

$$\begin{aligned} x_{n+1} - \sqrt{2} &= \frac{1}{2}\left(x_n + \frac{2}{x_n}\right) - \sqrt{2} \\ &= \frac{1}{2x_n}\left(x_n^2 - 2\sqrt{2}x_n + (\sqrt{2})^2\right) \\ &= \frac{1}{2x_n}(x_n - \sqrt{2})^2 \end{aligned} \tag{2.1.14}$$

となります．このことは，第 $n+1$ 番目の近似値と厳密解の差(左辺)が分母の x_n を除いて第 n 番目の近似値と厳密解の差(右辺)の 2 乗になっていることを意味しています．これを 2 次の収束といいます．したがって，たとえば n 番目で 10 パーセントの誤差があったとすれば $n+1$ 番目では 10 パーセントの 10 パーセントすなわち 1 パーセントの誤差になります[*1]．

つぎに初期値として $x_0 = -1$ としてみます．このとき

$$
\begin{aligned}
x_1 &= \frac{1}{2}\left(-1 - \frac{2}{1}\right) = -1.5 \\
x_2 &= -\frac{17}{12} = -1.41666662\cdots \\
x_3 &= -\frac{577}{408} = -1.41421568\cdots \\
x_4 &= -\frac{665857}{470832} = -1.41421353\cdots
\end{aligned}
\tag{2.1.15}
$$

となります．このように初期値によって別の根(もちろんこれも根の 1 つ)になることもあります．このことは，ニュートン法では初期値の値の選び方にある程度の注意が必要であることを意味しています．また, 特殊な例ですが図 2.1.3 に示すように初期値によっては答が得られないこともあります[*2]．

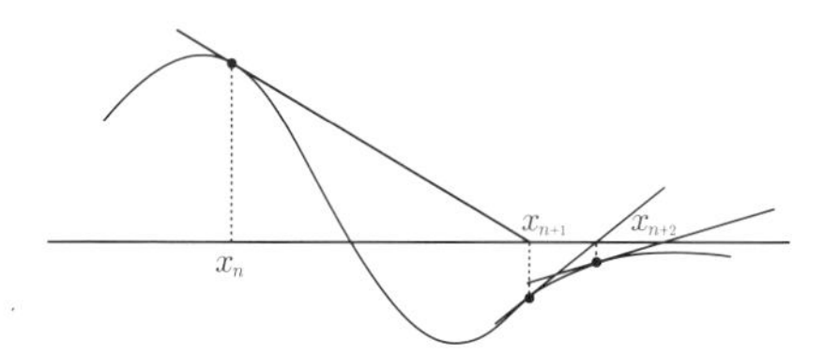

図 2.1.3 ニュートン法で解が求まらない例

＊1　根が重根の場合にはニュートン法の収束は遅くなります．

＊2　ニュートン法は複素数の初期値からはじめれば複素数の根も求めることができる方法です．

Example 2.1.1

$f'(x) = x^2 - x - 1 = 0$ の根をニュートン法で求めるための漸化式をつくりなさい.

[Answer]

$f'(x) = 2x - 1$ より，式(2.1.8)は

$$\begin{aligned} x_{n+1} &= x_n - \frac{x_n^2 - x_n - 1}{2x_n - 1} \\ &= \frac{2x_n^2 - x_n - x_n^2 + x_n + 1}{2x_n - 1} \\ &= \frac{x_n^2 + 1}{2x_n - 1} \end{aligned} \tag{2.1.16}$$

となります．この式は 1.2 節で紹介した漸化式です.

Example 2.1.2

$f(x) = 1/x - a = 0$ の根をニュートン法で求めなさい.

[Answer]

$f'(x) = -1/x^2$ よりニュートン法の漸化式は

$$x_{n+1} = x_n - \frac{1/x_n - a}{-1/x_n^2} = x_n(2 - ax_n) \tag{2.1.17}$$

となります．もとの方程式の根は $x = 1/a$ なので，上の公式はある数の逆数を求めるときに，割り算をしなくてもかけ算の繰り返しで求まることを示しています．たとえば，$a = 3$ のとき

$$x_{n+1} = x_n(2 - 3x_n)$$

なので，$x_0 = 0.5$ から始めれば

$$\begin{aligned} x_1 &= 0.25 \\ x_2 &= 0.3125 \\ x_3 &= 0.33203125 \\ x_4 &= 0.33332824\cdots \\ x_5 &= 0.33333333\cdots \end{aligned} \tag{2.1.18}$$

となります.

Example 2.1.3

はじめに例にあげた方程式 $\cos\ x = x^2$ の根を $x_0 = 1$ から始めてニュートン法を用いて解きなさい.

[Answer]

$$f(x) = \cos\ x - x^2 = 0 \tag{2.1.19}$$

から

$$f'(x) = -\sin\ x - 2x \tag{2.1.20}$$

となるので，ニュートン法の反復式は

$$x_{n+1} = x_n + \frac{\cos x_n - x_n^2}{\sin x_n + 2x_n} \tag{2.1.21}$$

となります．この式を用いると

$$\begin{aligned} x_0 &= 1.0000000000 \\ x_1 &= 0.8382184099 \\ x_2 &= 0.8242418682 \\ x_3 &= 0.8241323191 \\ &\vdots \end{aligned} \tag{2.1.22}$$

となります.

2.2　2 分法

ニュートン法は数々の利点をもっているため，実際によく使われますが，前節で述べたように最大の欠点は初期値によっては解が求まらないことがあるという点です．そこで，本節では計算時間は多くかかるものの確実に解が求まる 2 分法について説明します.

2 分法の原理は極めて単純です．はじめに，2 つの初期値を a，$b(a < b)$ として

$$f(a)f(b) < 0 \tag{2.2.1}$$

を満足するように選びます．式(2.2.1)は $f(a)$ と $f(b)$ が異符号であることを意味しているため，曲線 $y = f(x)$ 上の 2 点 $(a,\ f(a))$，$(b,\ f(b))$ は x 軸をはさ

んで反対側にあります．したがって，$f(x)$ が連続であれば図 2.2.1 に示すように曲線が $x = a$，$x = b$ の間のある点で少なくとも 1 回は x 軸と交わります（中間値の定理）．すなわち，根は a と b の間に少なくともひとつあります．そこで a と b の中点を c とすれば，根は a と c の間か，または c と b の間に少なくともひとつあります[*3]．

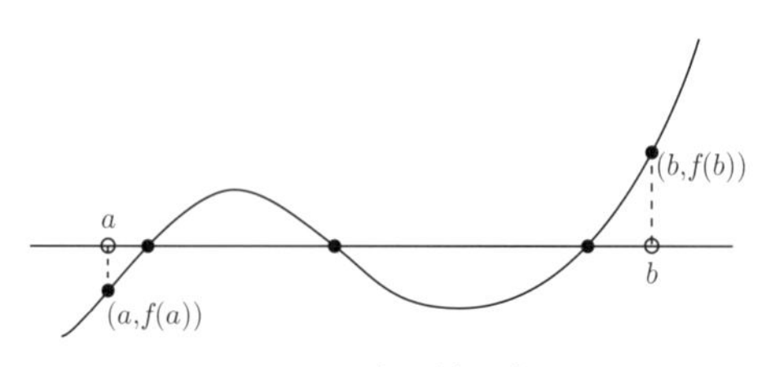

図 2.2.1　中間値の定理

このことは，$f(a)f(c) < 0$ または $f(c)f(b) < 0$ のいずれかが成り立つことを意味しています．そこで $f(a)f(c) < 0$ の場合は c を新たに b とみなすことにし，$f(c)f(b) < 0$ の場合は c を新たに a とみなすことにすれば，式(2.2.1)と同じ状態になり，しかも区間の幅は半分になります．これらの手続きを図 2.2.2 に示します．あとは，同じことを繰り返せば，根の含まれている区間幅を限りなく 0 に近づけることができます．実際には計算誤差 ε を指定し，区間幅がこの誤差以内になれば計算を打ち切ります．

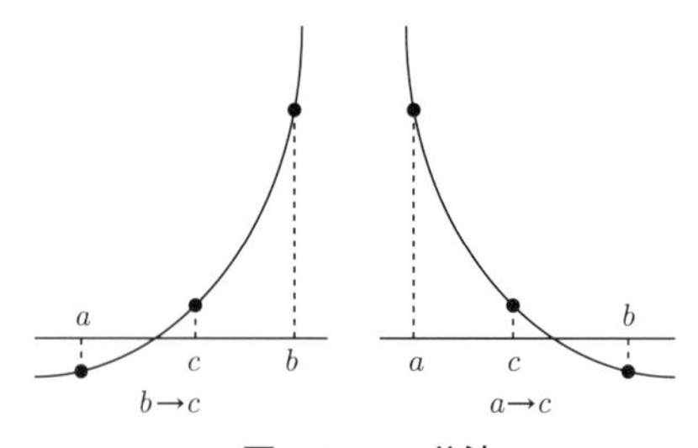

図 2.2.2　2 分法

2 分法の手順をまとめれば，次のようになります．

＊3　偶然に c が根であることもあり得ますがそのときはそれで計算が終了することになります．

Point

2 分法

1. $f(a)f(b) < 0$ となるような a, $b(a < b)$を初期値にとります.
2. $c = (a + b)/2$ とします.
3. $b - a$ があらかじめ指定した誤差より小さければ根を c とします.
4. $f(a)f(c) < 0$ ならば, c を新たに b として 2. に戻ります.
5. $f(c)f(b) < 0$ ならば, c を新たに a として 2. に戻ります.

初期値 a, b が見つかることが 2 分法の前提条件ですが, 見つかればあとは確実に根が求まります. ただし, 1 回の手続きで区間幅が半分になるだけなので根を求めるのに時間がかかるという欠点があります.

Example 2.2.1

$\cos x - x^2 = 0$ の根を初期値として $a = 0$, $b = 1$ として求めなさい.

[Answer]

1　$c = 0$

2　$c = 0.5$

3　$c = 0.75$

4　$c = 0.875$

⋮

15　$c = 0.82415771$

⋮

26　$c = 0.82413229$

27　$c = 0.82413231$

ニュートン法よりかなり多くの回数を必要としていることがわかります.

2 分法の変形として, 2 分法の中点 c のかわりに, 2 点$(a, f(a))$と$(b, f(b))$を結ぶ直線と x 軸の交点を c にとる方法もあります(図 2.2.3). この 2 点を結ぶ直線は

$$y - f(a) = \frac{f(b) - f(a)}{b - a}(x - a) \tag{2.2.2}$$

なので，x 軸上では

$$0 - f(a) = \frac{f(b) - f(a)}{b - a}(c - a) \tag{2.2.3}$$

となります．したがって，

$$c = \frac{af(b) - bf(a)}{f(b) - f(a)} \tag{2.2.4}$$

となります．この方法の計算手順は先ほど述べた 2 分法の計算手順の 2. を

$$2'. \quad c = \frac{af(b) - bf(a)}{f(b) - f(a)} \tag{2.2.5}$$

で置き換えるだけで，あとは全く同じです．

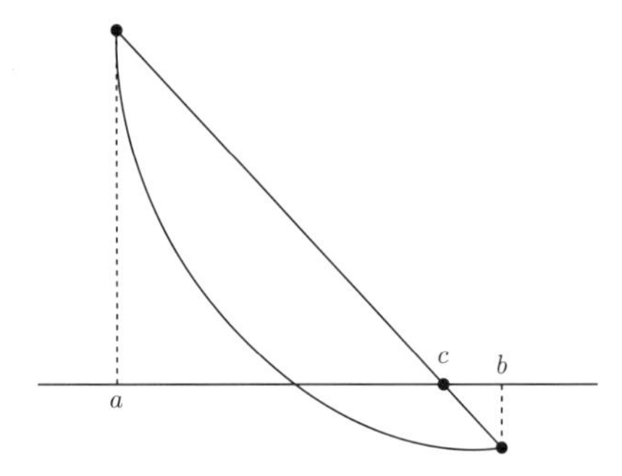

図 2.2.3　2 分法の変形

Example 2.2.2

方程式 $\cos\ x - x^2 = 0$ をこの方法で解きなさい．

[Answer]

1　$c = 0.00000000$

2　$c = 0.68507336$

3　$c = 0.81069365$

4　$c = 0.82293160$

5　$c = 0.82402582$

6　$c = 0.82412287$

7　$c = 0.82413148$

8　$c = 0.82413224$

9　$c = 0.82413231$　(2.2.6)

となります．たまたまこの例では 2 分法より収束は速くなりましたが，このことはいつも成り立つとは限らず，逆に遅いこともあります．

Problems　　Chapter 2

1. ニュートン法を用いて $\sqrt[3]{a}$ を求める漸化式をつくりなさい．$\sqrt[3]{2}$ を $x_0 = 1$ からはじめて x_3 で近似しなさい．

2. $x^2 + ax + b = 0$（実根をもつとします）に対してニュートン法を用いたとき重根でない場合は 2 次の収束であることを示しなさい．重根の場合はどうなるかも示しなさい．

3. 本文で示した 2 分法の変形が 2 分法より収束が遅くなると考えられる場合を図を用いて例示しなさい．

Chapter 3

連立 1 次方程式の解法

連立 1 次方程式は，中学校でも習う基礎的な方程式で，わざわざ数値計算で取り扱うこともないと思われるかも知れません．しかし，実際はその逆で，連立 1 次方程式は数値計算のなかでも最も重要な話題のひとつです．その理由として，多くの数値計算法は最終的に大次元の連立 1 次方程式を解くことに帰着されることがあげられます．

連立 1 次方程式のコンピュータによる解き方は，大別すると消去法と反復法があり，それぞれ長所と短所をもっています．本書では，消去法に対してはすべての消去法の基本となるガウスの消去法とその変形である掃き出し法，反復法については最も単純なヤコビ法とガウス・ザイデル法に限って述べることにします．

3.1 ガウスの消去法

はじめに，例として次の連立 4 元 1 次方程式を考えてみます：

$$
\begin{aligned}
4x + 3y + 2z + u &= 9 \\
2y - 4z + 3u &= 8 \\
4z - u &= 2 \\
3u &= 6
\end{aligned}
\tag{3.1.1}
$$

この連立 1 次方程式は，その形から**上三角型**の連立 1 次方程式とよばれます．この方程式は簡単に解けます．すなわち，まず一番下の方程式に着目すれば

$$
u = \frac{6}{3} = 2 \tag{3.1.2}
$$

となります．次にこの値を下から 2 番目の方程式に代入すると

$$
4z - 2 = 2 \tag{3.1.3}
$$

となりますが，これは z に対する単独の 1 次方程式ですから，ただちに

$$z = 1 \tag{3.1.4}$$

となります．さらに z と u を下から 3 番目の方程式に代入すれば，

$$2y - 4 + 6 = 8 \quad \text{すなわち} \quad y = 3 \tag{3.1.5}$$

が得られます．最後にこれらの値を一番上の方程式に代入して

$$4x + 9 + 2 + 2 = 9 \quad \text{すなわち} \quad x = -1 \tag{3.1.6}$$

となります．このように上三角型の連立 1 次方程式は下から順に解いていけば，簡単に解が求まります．このことは連立 1 次方程式が何元であっても同じです．

次に，ふつうの連立 1 次方程式の例として以下の連立 1 次方程式を考えます．

$$\begin{aligned} 4x + 3y + 2z + u &= 20 \\ 2x + 5y - 3z - 2u &= -5 \\ x - 4y + 8z - u &= 13 \\ -3x + 2y - 4z + u &= 9 \end{aligned} \tag{3.1.7}$$

この方程式がもし上で述べた上三角型に変形できれば簡単に解けます．そこで解き方の方針として上三角型に変形することを考えます．まず第 1 番目の方程式を利用して 2 番目以降の方程式から x を消去してみます．それには，第 1 番目の方程式と他の方程式の x の係数を合わせた上で差をとります．具体的には

$$(2\ \text{番目の方程式}) - (1\ \text{番目の方程式}) \times \frac{2}{4} \tag{3.1.8}$$

$$(3\ \text{番目の方程式}) - (1\ \text{番目の方程式}) \times \frac{1}{4} \tag{3.1.9}$$

$$(4\ \text{番目の方程式}) - (1\ \text{番目の方程式}) \times \left(-\frac{3}{4}\right) \tag{3.1.10}$$

とします．その結果，2 番目以降には x のない連立 1 次方程式

$$\begin{aligned} 4x + 3y + 2z + u &= 20 \\ \frac{7}{2}y - 4z - \frac{5}{2}u &= -15 \\ -\frac{19}{4}y + \frac{15}{2}z - \frac{5}{4}u &= 8 \\ \frac{17}{14}y - \frac{5}{2}z + \frac{23}{4}u &= -24 \end{aligned} \tag{3.1.11}$$

が得られます．次に，1 番目の方程式はひとまず忘れることにして，2 番目以降の方程式を考えると y，z，u に対する連立 3 元 1 次方程式になっています．そこで上と同様の手続きをとります．すなわち，この連立 3 元 1 次方程式のはじめの式(もとの方程式では 2 番目の式)を用いて残りの式から y を消去します．そのためには

$$(3\text{ 番目の方程式}) - (2\text{ 番目の方程式}) \times \left(\frac{-19}{4}\right) \times \frac{2}{7} \tag{3.1.12}$$

$$(4\text{ 番目の方程式}) - (2\text{ 番目の方程式}) \times \frac{17}{14} \times \frac{2}{7} \tag{3.1.13}$$

とします．その結果，もとの方程式は

$$\begin{aligned} 4x + 3y + 2z + u &= 20 \\ \frac{7}{2}y - 4z - \frac{5}{2}u &= -15 \\ \frac{29}{14}z - \frac{65}{4}u &= -\frac{173}{14} \\ \frac{33}{14}z + \frac{123}{14}u &= \frac{591}{14} \end{aligned} \tag{3.1.14}$$

となります．ここで上の 2 つの方程式を忘れると，3 番目以降の方程式は z と u に対する連立 2 元 1 次方程式になっています．そこでまたこの方程式の最初の式(上の方程式では 3 番目の式)を用いて，残りの式から z を消去します．具体的には

$$(4\text{ 番目の方程式}) - (3\text{ 番目の方程式}) \times \frac{33}{14} \times \frac{14}{29} \tag{3.1.15}$$

を計算します．以上の手続きの結果

$$\begin{aligned} 4x + 3y + 2z + u &= 20 \\ \frac{7}{2}y - 4z - \frac{5}{2}u &= -15 \\ \frac{29}{14}z - \frac{65}{4}u &= -\frac{173}{14} \\ \frac{408}{29}u &= \frac{1632}{29} \end{aligned} \tag{3.1.16}$$

という上三角型方程式が得られます．ここで述べた方法を図示すれば図 3.1.1

のようになります.

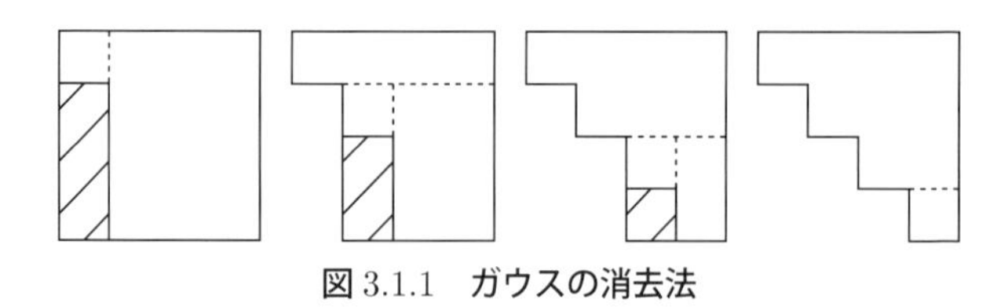

図 3.1.1　**ガウスの消去法**

前述のとおり，この方程式は下から順に解くことができます．実際，

$$
\begin{aligned}
u &= \frac{1632}{29}\frac{29}{408} = 4 \\
z &= \frac{14}{29} \times \left(-\frac{173}{14} + \frac{65}{14} \times 4\right) = \frac{14}{29} \times \frac{87}{14} = 3 \\
y &= \frac{2}{7}\left(-15 + 4 \times 3 + \frac{5}{2} \times 4\right) = \frac{2}{7} \times 7 = 2 \\
x &= \frac{1}{4} \times (20 - 3 \times 2 - 2 \times 3 - 4) = \frac{1}{4} \times 4 = 1
\end{aligned} \tag{3.1.17}
$$

となります.

ここで述べた方法は，連立 1 次方程式の元数によらずに適用できます．この手順，すなわち一般の連立 1 次方程式を上三角型になおす手順を**前進消去**といいます．いったん上三角型になおれば，下から順に簡単に解くことができます(これを**後退代入**といいます)．以上，前進消去と後退代入を行って連立 1 次方程式を解く方法をガウスの消去法と呼んでいます.

Example 3.1.1

次の方程式を上三角型方程式に変形しなさい.

$$
\begin{aligned}
2x - 4y + 3z - u &= -2 \\
x - 2y + 2z + u &= 1 \\
x - 5y + 4z - 3u &= -8 \\
3x + 2y - 2z - 2u &= 1
\end{aligned} \tag{3.1.18}
$$

[Answer]

上と同様に計算します.

そこで

$$(2\text{番目の方程式})-(1\text{番目の方程式})\times\frac{1}{2} \tag{3.1.19}$$

などの計算を行うと

$$\begin{aligned} 2x-4y+3z-u&=-2\\ \frac{1}{2}z+\frac{3}{2}u&=2\\ -3y+\frac{5}{2}z-\frac{5}{2}u&=-7\\ 8y-\frac{13}{2}z-\frac{1}{2}u&=4 \end{aligned} \tag{3.1.20}$$

となります．この場合には，たまたま2番目の方程式のyも消去されるため前進消去を続けることはできなくなります．しかし，その場合でも2番目の方程式と例えば3番目の方程式を入れ替えれば前進消去が続けられることに注意します．そこで，この入れ替えを行って消去を続ければ，

$$\begin{aligned} 2x-4y+3z-u&=-2\\ -3y+\frac{5}{2}z-\frac{5}{2}u&=-7\\ \frac{1}{2}z+\frac{3}{2}u&=2\\ \frac{1}{6}z-\frac{43}{6}&=-\frac{44}{3} \end{aligned} \tag{3.1.21}$$

となり，最終的には

$$\begin{aligned} 2x-4y+3z-u&=-2\\ -3y+\frac{5}{2}z-\frac{5}{2}u&=-7\\ \frac{1}{2}z+\frac{3}{2}u&=2\\ -\frac{46}{6}u&=-\frac{46}{3} \end{aligned} \tag{3.1.22}$$

という上三角型方程式が得られます．なお，この方程式を下から順に解けば

$$u=2,\quad z=-2,\quad y=-1,\quad x=1 \tag{3.1.23}$$

となります．

ガウスの消去法で連立 1 次方程式を解く場合に唯一困ることは，場合によっては上の **Example3.1.1** で述べたような現象，すなわち消去の段階で対角線上に並ぶ項(これを**ピボット**といいます)が 0 になるという現象が起きることです．しかしそのような場合でも，**Example3.1.1** に示したように方程式の入れ替えを行えば問題は解決します．もし，行の入れ替えを行っても消去が続けられなくなった場合には，もとの連立 1 次方程式が解をもたないか，解をもっても一通りに決まらない場合のどちらかです．したがって，もともと数値計算が使えないような場合です．

ところで，数値計算では誤差を避けてとおることはできません．このことは上に述べたガウスの消去法において，計算結果の精度を著しく損ねる場合があることを意味しています．すなわち，消去の段階でたとえピボットが完全に 0 にならなくても絶対値が非常に小さな数になることがあります．その場合，今までの例からもわかるように，変数を消去する際にピボットでわり算しますが，その結果，絶対値の非常に大きな数が現れ，この絶対値の大きな数と他の数の差をとる段階で以前に述べた情報落ちの可能性がでてきます．この現象を防ぐためには，消去の段階でピボットが 0 にならなくても方程式の入れ替えを行えます．具体的にはある式を用いてそれより下にある方程式から変数を消去する場合，その変数の係数の絶対値が最大である方程式ともとの式を入れ替えるようにします．このような方法を**部分ピボットの選択**と呼んでいます．

Example 3.1.2

$$\varepsilon x + y = 1 - r$$

$$x + y = 1 \tag{3.1.24}$$

をガウスの消去法で解きなさい．

[Answer]

$$\varepsilon x + y = 1 - r \tag{3.1.25}$$

を用いて第 2 式から y を消去すると

$$\left(1 - \frac{1}{\varepsilon}\right) y = 1 - \frac{1 - r}{\varepsilon} \tag{3.1.26}$$

となります.

ここで $|\varepsilon| \ll 1$ とすれば

$$1-\frac{1}{\varepsilon}=-\frac{1}{\varepsilon},\quad 1-\frac{1-r}{\varepsilon}=-\frac{1-r}{\varepsilon} \tag{3.1.27}$$

とみなされ,

$$y=1-r \tag{3.1.28}$$

となり,後退代入によって

$$x=0 \tag{3.1.29}$$

となります.この場合,厳密に計算すれば

$$y=\left(1-\frac{1-r}{\varepsilon}\right)\Big/\left(1-\frac{1}{\varepsilon}\right)=\frac{\varepsilon-(1-r)}{\varepsilon-1} \tag{3.1.30}$$

となり,$|\varepsilon| \ll 1$ を考慮して

$$y \sim 1-r \tag{3.1.31}$$

となります.したがって,

$$x=1-y=\frac{r}{1-\varepsilon} \sim r \tag{3.1.32}$$

となり,先ほど得られた解とは全く異なってしまいます.

この現象はピボットが小さかったため起こったもので,これを防ぐためには方程式の順序をかえて

$$\begin{aligned} x+y&=1 \\ \varepsilon x+y&=1-r \end{aligned} \tag{3.1.33}$$

としてから,ガウスの消去法を使います.このとき

$$\begin{aligned} x+y&=1 \\ (1-\varepsilon)y&=1-r-\varepsilon \end{aligned} \tag{3.1.34}$$

となり,$|\varepsilon| \ll 1$ を考慮して

$$y=1-r \tag{3.1.35}$$

となり,さらに第1式から

$$x = 1 - y = 1 - (1 - r) = r \tag{3.1.36}$$

が得られます．

<ガウスの消去法のアルゴリズム>

ガウスの消去法（ピボット選択を考慮したもの）はよく使われるため，参考として一般の連立 n 元１次方程式

$$a_{11}^{(1)}x_1 + a_{12}^{(1)}x_2 + \cdots + a_{1n}^{(1)}x_n = b_1^{(1)}$$

$$a_{21}^{(1)}x_1 + a_{22}^{(1)}x_2 + \cdots + a_{2n}^{(1)}x_n = b_2^{(1)}$$

$$\vdots$$

$$a_{1n}^{(1)}x_1 + a_{2n}^{(1)}x_2 + \cdots + a_{nn}^{(1)}x_n = b_n^{(1)} \tag{3.1.37}$$

に対するアルゴリズムを記しておきます．[*1]

Point

ガウスの消去法

1. $l = 1, 2, \cdots, n-1$ に対して次の演算を行います：
   - 1.1　各 l について，$i = l+1, \cdots, n$ に対して $a_{il}^{(l)}$ の絶対値が最大になる i を見つけます．
   - 1.2　$m = l, l+1, \cdots, n$ に対して $a_{im}^{(l)}$ と $a_{lm}^{(l)}$ を入れ換えます．
   - 1.3　各 l について，$j = l+1, \cdots, n$ に対して次の演算を行います．
     - 1.3.1　$m_{jl} = a_{jl}^{(l)}/a_{ll}^{(l)}$
     - 1.3.2　$k = l+1, \cdots, n$ に対して次の演算を行います．

$$a_{jk}^{(l+1)} = a_{jk}^{(l)} - m_{jl}a_{lj}^{(l)} \tag{3.1.38}$$

     - 1.3.3　$b_j^{(l+1)} = b_j^{(l)} - m_{jl}b_l^{(l)}$
2. $x_n = b_n^{(n)}/a_{nn}^{(n)}$
3. $j = n-1, n-2, \cdots, 1$ の順に次の演算を行います．（k が n より大きければ総和は計算しません）

$$x_j = \left(b_j - \sum_{k=j+1}^{n} a_{jk}^{(j)}x_k \right) \Bigg/ a_{jj}^{(j)} \tag{3.1.39}$$

＊1　係数は消去の段階で次々に変化するため，最初の段階で上添字（1）をつけています．

上のアルゴリズムで 1. が前進消去，2. と 3. が後退代入の部分です．

<掃き出し法>

ガウスの消去法の変形に**掃き出し法**があります．ガウスの消去法では着目している行より下の行にある方程式から変数を消去しましたが，掃き出し法では同時に上の行の方程式からも変数を消去します．

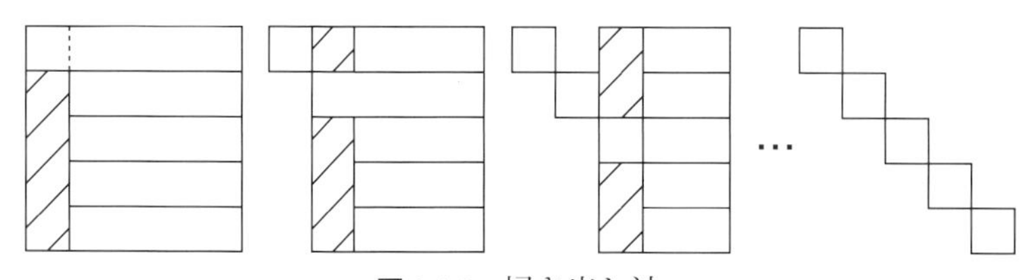

図 3.1.2　掃き出し法

ガウスの消去法の前進消去において x_1 の消去が終わって次に x_2 を消去する段階に着目します．ガウスの消去法では 2 番目の式を用いて，3 番目以降の式から x_2 を消去しました．一方，掃き出し法では，この段階で第 1 式を $a_{11}^{(1)}$ でわり算して x_1 の係数を 1 にした上で x_2 を第 1 番目の式からも消去します．その結果，式(3.1.37)は

$$
\begin{array}{ccccccccccc}
x_1 & & + & a_{13}^{(2)}x_3 & + & a_{14}^{(2)}x_4 & + & \cdots & + & a_{1n}^{(2)}x_n & = & b_1^{(2)} \\
 & a_{22}^{(2)}x_2 & + & a_{23}^{(2)}x_3 & + & a_{24}^{(2)}x_4 & + & \cdots & + & a_{2n}^{(2)}x_n & = & b_2^{(2)} \\
 & & & a_{33}^{(2)}x_3 & + & a_{34}^{(2)}x_4 & + & \cdots & + & a_{3n}^{(2)}x_n & = & b_3^{(2)} \\
 & & & \vdots & & \vdots & & & & \vdots & & \vdots \\
 & & & a_{n3}^{(2)}x_3 & + & a_{n4}^{(2)}x_4 & + & \cdots & + & a_{nn}^{(2)}x_n & = & b_n^{(2)}
\end{array}
\tag{3.1.40}
$$

となります．さらに 3 番目の式を用いて x_3 を消去する場合も 4 番目以降の式から消去するだけでなく 2 番目の式を $a_{22}^{(2)}$ で割って x_2 の係数を 1 にした式および 1 番目の式からも x_3 を消去します．

その結果

$$
\begin{array}{ccccccccccc}
x_1 & & & + & a_{14}^{(3)}x_4 & + & \cdots & + & a_{1n}^{(3)}x_n & = & b_1^{(3)} \\
& x_2 & & + & a_{24}^{(3)}x_4 & + & \cdots & + & a_{2n}^{(3)}x_n & = & b_2^{(3)} \\
& & x_3 & + & a_{34}^{(3)}x_4 & + & \cdots & + & a_{3n}^{(3)}x_n & = & b_3^{(3)} \\
& & & & \vdots & & & & \vdots & & \vdots \\
& & & & a_{n4}^{(3)}x_4 & + & \cdots & + & a_{nn}^{(3)}x_n & = & b_n^{(3)}
\end{array}
\tag{3.1.41}
$$

となります．同様に，この手続きを続けていけば最終的に

$$
\begin{array}{cccccc}
x_1 & & & & = & b_1^{(n)} \\
& x_2 & & & = & b_2^{(n)} \\
& & x_3 & & = & b_3^{(n)} \\
& & & & \vdots & \\
& & & x_n & = & b_n^{(n)}
\end{array}
\tag{3.1.42}
$$

が得られます．図 3.1.2 は，この様子を図示したものです．アルゴリズムは以下のようになります．

Point

掃き出し法

$l = 2, \cdots, n$ の順に，各 l に対して以下の計算を行います．

$$
a_{lk}^{(l)} = a_{lk}^{(l-1)}/a_{ll}^{(l-1)},\ \ b_l^{(l)} = b_l^{(l-1)}/a_{ll}^{(l-1)}\ \ (k = l, l+1, \cdots, n)
$$

$$
\begin{cases}
a_{jk}^{(l)} = a_{jk}^{(l-1)} - a_{lk}^{(l)}a_{jl}^{(l-1)} \\
b_j^{(l)} = b_j^{(l-1)} - b_l^{(l)}a_{jl}^{(l-1)}
\end{cases}
\begin{pmatrix}
k = l, l+1, \cdots, n \\
j = 1, \cdots, l-1, l+1, \cdots, n
\end{pmatrix}
$$

このとき解は $x_j = b_j^{(n)}$（$j = 1, 2, \cdots, n$）になります．

なお，掃き出し法はガウスの消去法と本質的には同じであって演算回数は少し増えますが，ほぼ同じです．またピボットの選択も必要です．

3.2　反復法

1.2 節で反復法についてふれましたが，その方法を連立 1 次方程式に適用してみます．例として，連立 4 元 1 次方程式

$$
\begin{aligned}
9x + 2y + z + u &= 20\\
2x + 8y - 2z + u &= 16\\
-x - 2y + 7z - 2u &= 8\\
x - y - 2z + 6u &= 17
\end{aligned}
\tag{3.2.1}
$$

を考えます．この方程式を上から順に対角線上にある未知数について解くと

$$
\begin{aligned}
x &= (20 - 2y - z - u) / 9\\
y &= (16 - 2x + 2z - u) / 8\\
z &= (8 + x + 2y + 2u) / 7\\
u &= (17 - x + y + 2z) / 6
\end{aligned}
\tag{3.2.2}
$$

となります．反復法の考え方は，はじめに x, y, z, u として適当な値(初期値または出発値といいます)を仮定し，それらを右辺に代入して値を計算します．新たに得られた左辺の値を x', y', z', u' とすれば，それは一般的にははじめの x, y, z, u の値とは異なっています(たまたま同じであれば，初期値が解です)．そこで上式を

$$
\begin{aligned}
x' &= (20 - 2y - z - u) / 9\\
y' &= (16 - 2x + 2z - u) / 8\\
z' &= (8 + x + 2y + 2u) / 7\\
u' &= (17 - x + y + 2z) / 6
\end{aligned}
\tag{3.2.3}
$$

と書くことにします．しかし，方程式を使って計算したため，少しは解に近づいていると考えます．そこで新たに得られた x', y', z', u' を x, y, z, u に置き換えて，また上式の右辺に代入します．その結果，新しく得られた x', y', z', u' もまた右辺に代入した x, y, z, u の値とは異なりますが，さらに解に近づいています．そこでこのような手続きを何回も続けているうちに右辺に代入した x, y, z, u と計算したあとの左辺の x', y', z', u' の値がほとんど変化しなくなったとします．そのとき，

$$
x' = x, \quad y' = y, \quad z' = z, \quad u' = u \tag{3.2.4}
$$

とみなせるため，式(3.2.2)と一致します．これはもとの方程式なので，方程

式は近似的に解けたことになります．実際，x', y', z', u' と x, y, z, u の差がコンピュータの有効桁より小さくなれば，連立 1 次方程式はコンピュータの精度内で厳密に解けたことを意味します．

この手続きを漸化式の形で書けば

$$\begin{aligned} x_{n+1} &= (20 \quad - 2y_n - z_n - u_n) \ / \ 9 \\ y_{n+1} &= (16 \ - 2x_n \quad + 2z_n - u_n) \ / \ 8 \\ z_{n+1} &= (8 \ + x_n + 2y_n \quad + 2u_n) \ / \ 7 \\ u_{n+1} &= (17 \ - x_n + y_n + 2z_n \quad) \ / \ 6 \end{aligned} \tag{3.2.5}$$

となります．そして初期値 x_0, y_0, z_0, u_0 からはじめて

$$(x_0, y_0, z_0, u_0) \to (x_1, y_1, z_1, u_1) \to (x_2, y_2, z_2, u_2) \to \cdots$$

の順に計算を続けます．そして反復前後の値の差があらかじめ指定した許容値 ε より小さくなれば反復を終わるようにします．ここで述べた方法を**ヤコビの反復法**とよんでいます．上の方程式に対して，実際に初期値

$$x_0 = y_0 = z_0 = u_0 = 0$$

から始めて，反復値が正解

$$x = 1, \quad y = 2, \quad z = 3, \quad u = 4$$

に近づく様子を，表 3.2.1 に示します．この表からヤコビの反復法では約 26 回の反復を必要としていることがわかります．

表 3.2.1　ヤコビの反復法

	x	y	z	u
1	2.22222222	2.00000000	1.14285714	2.83333333
2	1.33597884	1.37599206	2.84126984	3.17724868
3	1.24772193	1.97916667	2.63463719	3.78709215
4	1.06888193	1.87334230	2.96860565	3.83345319
5	1.05013962	1.99574928	2.92606756	3.95694528
6	1.01394318	1.97436382	2.99364696	3.96629080
7	1.01014829	1.99913960	2.98503606	3.99128576
8	1.00282211	1.99481122	2.99871414	3.99317724
9	1.00205402	1.99982585	2.99697129	3.99823623
10	1.00057120	1.99894979	2.99973974	3.99861907
11	1.00041573	1.99996475	2.99938699	3.99964301
12	1.00011561	1.99978744	2.99994731	3.99972050

13	1.00008414	1.99999287	2.99987593	3.99992775
14	1.00002340	1.99995698	2.99998934	3.99994343
15	1.00001703	1.99999856	2.99997489	3.99998538
16	1.00000474	1.99999129	2.99999784	3.99998855
17	1.00000345	1.99999971	2.99999492	3.99999704
18	1.00000096	1.99999824	2.99999956	3.99999768
19	1.00000070	1.99999994	2.99999897	3.99999940
20	1.00000019	1.99999964	2.99999991	3.99999953
21	1.00000014	1.99999999	2.99999979	3.99999988
22	1.00000004	1.99999993	2.99999998	3.99999991
23	1.00000003	2.00000000	2.99999996	3.99999998
24	1.00000001	1.09999999	3.00000000	3.99999998
25	1.00000001	2.00000000	2.99999999	4.00000000
26	1.00000000	2.00000000	3.00000000	4.00000000

次に，ヤコビの反復法の収束を速める方法について考えてみます．上に示した例をもう一度考えます．この例で得られた 4 つの漸化式を上から順に計算していくとします．このとき，第 1 番目の方程式を計算し終えた段階では x の値は x' に更新されています．それにもかかわらずヤコビの反復法では 2 番目の式を計算する場合に更新前の x を用いています．そこで，2 番目の式の右辺を計算する場合には，更新された x' を用いることも考えられます．すなわち

$$y' = (16 - 2x' + 2z - u) \ / \ 8 \tag{3.2.6}$$

とします．

同様に 3 番目の式を計算する場合には，すでに x と y は x' と y' に更新されているため，それをただちに使うことにすれば

$$z' = (8 + x' + 2y' + 2u) \ / \ 7 \tag{3.2.7}$$

となります．4 番目の式に対しても全く同様に考えれば，x'，y'，z' が更新されているため

$$u' = (17 - x' + y' + 2z') \ / \ 6 \tag{3.2.8}$$

となります．以上をまとめれば，上から順番に計算すると仮定すれば，漸化式

$$
\begin{aligned}
x_{n+1} &= (20 \qquad\qquad -2y_n \quad - \; z_n \; - \; u_n) \;/\; 9 \\
y_{n+1} &= (16 \; -2x_{n+1} \qquad\qquad +2z_n \; - \; u_n) \;/\; 8 \\
z_{n+1} &= (8 \; +x_{n+1} \quad +2y_{n+1} \qquad\qquad +2u_n) \;/\; 7 \\
u_{n+1} &= (17 \; -x_{n+1} \quad + \; y_{n+1} \quad +2z_{n+1} \qquad) \;/\; 6
\end{aligned}
\tag{3.2.9}
$$

によって反復計算ができることになります．このような方法を**ガウス・ザイデル法**とよんでいます．

ヤコビの反復法と同じ初期条件を用いて計算した結果を表3.2.2に示します．この場合，収束までの反復回数は 15 回に減っていることがわかります．一般にガウス・ザイデル法の収束の速さはヤコビ法の 2 倍程度になることが知られています．

表 3.2.2　ガウス・ザイデル法

	x	y	z	u
1	2.22222222	1.44444444	1.87301587	3.32804233
2	1.32333921	1.72141387	2.77460737	3.82454823
3	1.10644629	1.93897174	2.94764089	3.95463454
4	1.02442012	1.98647588	2.98666299	3.98923029
5	1.00568389	1.99659099	2.99676092	3.99740482
6	1.00140581	1.99916318	2.99922026	3.99993631
7	1.00034301	1.99979852	2.99981038	3.99984605
8	1.00008295	1.99995110	2.99995389	3.99996266
9	1.00002014	1.99998811	2.99998881	3.99999093
10	1.00000489	1.99999711	2.99999728	3.99999093
11	1.00000119	1.99999930	2.99999934	3.99999780
12	1.00000029	1.99999983	2.99999984	3.99999987
13	1.00000007	1.99999996	2.99999996	3.99999997
14	1.00000002	1.99999999	2.99099999	3.99999999
15	1.00000000	2.00000000	3.00000000	4.00000000

Problems　　Chapter 3

1. 次の連立1次方程式をガウスの消去法と掃き出し法で解きなさい.

$$
\begin{aligned}
x - y + z &= 5 \\
x + 2y \quad &= 1 \\
2x \quad + 3z &= 9
\end{aligned}
$$

2. 次の連立1次方程式をガウスの消去法で解きなさい.

$$
\begin{aligned}
x - 4y + 3z - u &= -3 \\
-x + 4y - 2z - 2u &= -5 \\
x - 5y + 2z + u &= 4 \\
2x - 5y + 4z - 3u &= -7
\end{aligned}
$$

3. 上の1. の連立1次方程式をヤコビの反復法とガウス・ザイデル法で解きなさい.

Chapter 4

関数の近似

本章では，平面内に離散的に点が分布しているとき，それらの分布をあらわす曲線 $f(x)$を推定するという問題を考えます．このような曲線が定まれば，もともと分布していた点以外のところでも x に対応する関数値を推定することができます．この場合,問題は2つに分けて考えられます．ひとつは図4.1(a)に示すようにもとの点の位置が正確で，したがって推定する曲線もこれらの点を正確にとおるようなものを求めるという問題です．このような目的で用いられる数値計算法を**補間法**とよんでいます．もうひとつは実験結果を整理するときによく現れる問題ですが，図4.1(b)に示すように，もともとの点の位置にも誤差が含まれているような場合です．このような場合では，それらの点を正確にとおる曲線を求めることはあまり意味がなく，むしろなるべく簡単な関数でそれらの点の近くをとおる曲線を表すということになります．この方法の代表的なものに**最小2乗法**があります．本章ではこれら2つの方法を順に説明します．

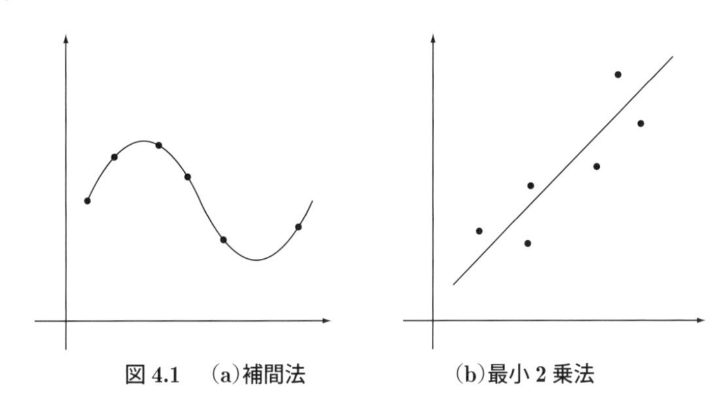

図4.1　(a)補間法　(b)最小2乗法

4.1　多項式補間

平面内に2点が与えられた場合には，それらの2点をとおる直線は一通りに決まります．具体的には，求める直線を

$$y = ax + b \tag{4.1.1}$$

と書いて，係数 a，b を定めます．いま，与えられた2点の座標を$(x_1,\ y_1)$，$(x_2,\ y_2)$としたとき，直線が2点を通ることから

$$\begin{aligned} y_1 &= ax_1 + b \\ y_2 &= ax_2 + b \end{aligned} \tag{4.1.2}$$

が成り立ちます．そこでこの連立2元1次方程式を解いて a と b を求めます．

Example 4.1.1

2点(1, 2)，(3, 3)をとおる1次式を求めなさい．

[Answer]

求める直線を

$$y = ax + b \tag{4.1.3}$$

とおいて，各座標値を代入すれば

$$\begin{aligned} a + b &= 2 \\ 3a + b &= 3 \end{aligned} \tag{4.1.4}$$

となります．この連立2元1次方程式を解けば，$a = 1/2$，$b = 3/2$ となるため

$$y = \frac{1}{2}x + \frac{3}{2} \tag{4.1.5}$$

が答です．

平面内に3点が与えられた場合には，3点を通るという3つの条件があるため，3つの係数をもった多項式，すなわち2次式が定まります．具体的には，2次式を

$$y = ax^2 + bx + c \tag{4.1.6}$$

として，a, b, c を決めます．すなわち，3点の座標を$(x_1,\ y_1)$，$(x_2,\ y_2)$，$(x_3,\ y_3)$とすれば，連立3元1次方程式

$$
\begin{aligned}
y_1 &= ax_1^2 + bx_1 + c \\
y_2 &= ax_2^2 + bx_2 + c \\
y_3 &= ax_3^2 + bx_3 + c
\end{aligned}
\tag{4.1.7}
$$

が得られるため，これを解いて a, b, c を求めます．

Example 4.1.2

平面内の 3 点(1, 2)，(3, 3)，(4, 1)が与えられたとき $x = 6$ での y の値を推定しなさい．

[Answer]

$y = ax_2 + bx + c$ とおいて各座標を代入すれば

$$
\begin{aligned}
a + b + c &= 2 \\
9a + 3b + c &= 3 \\
16a + 4b + c &= 1
\end{aligned}
\tag{4.1.8}
$$

となります．2 番目から 1 番目の式を引き，3 番目から 2 番目の式を引けば

$$8a + 2b = 1, \quad 7a + b = -2 \tag{4.1.9}$$

となり, この式から $a = -5/6$, $b = 23/6$ が得られ, さらに 1 番目の式から $c = -1$ となります．したがって，求める 2 次式は

$$y = -\frac{5}{6}x^2 + \frac{23}{6}x - 1 \tag{4.1.10}$$

です．この式の x に 6 を代入すれば

$$y = -30 + 23 - 1 = -8 \tag{4.1.11}$$

となりますが，これが推定値です．

同様に考えれば，4 点が与えられれば 3 次式，5 点が与えられれば 4 次式というようにすればよいことがわかります．このように多項式を用いて補間する方法を**多項式補間**または**ラグランジュ補間**とよびます．多項式補間では $n+1$ 点が与えられた場合に，n 次式を決めることになります．

多項式補間の式は，わざわざ連立 1 次方程式を解かなくても，**ラグランジュの補間多項式**とよばれる多項式を用いると簡単に書き下せます．たとえば，3 点(x_1, y_1)，(x_2, y_2)，(x_3, y_3)をとおる 2 次式を求めてみます．このとき，

まず x_1, x_2, x_3 で 0 になる 3 次式

$$L(x)=(x-x_1)(x-x_2)(x-x_3) \tag{4.1.12}$$

を考えます．そして，$l_1(x)$ として，$L(x)$ から $x-x_1$ を除いた 2 次式が分子で，その分子の x に x_1 を代入した値を分母にもつ

$$l_1(x)=\frac{(x-x_2)(x-x_3)}{(x_1-x_2)(x_1-x_3)} \tag{4.1.13}$$

という式を用います．また，l_2 として，分子に $L(x)$ から $x-x_2$ を除いた式，分母には分子に x_2 を代入した値をもつ

$$l_2(x)=\frac{(x-x_1)(x-x_3)}{(x_2-x_1)(x_2-x_3)} \tag{4.1.14}$$

を用い，同様に l_3 として

$$l_3(x)=\frac{(x-x_1)(x-x_2)}{(x_3-x_1)(x_3-x_2)} \tag{4.1.15}$$

を用います．これらの式は以下に示す性質をもつことが実際に値を代入することにより直ちに確かめられます．

$$\begin{aligned}
&l_1(x_1)=1,\quad l_1(x_2)=0,\quad l_1(x_3)=0\\
&l_2(x_1)=0,\quad l_2(x_2)=1,\quad l_2(x_3)=0\\
&l_3(x_1)=0,\quad l_3(x_2)=0,\quad l_3(x_3)=1
\end{aligned} \tag{4.1.16}$$

そして，この性質から，もとの 3 点を通る 2 次式 $P(x)$ は

$$P(x)=y_1l_1(x)+y_2l_2(x)+y_3l_3(x) \tag{4.1.17}$$

で与えられることがわかります．なぜなら

$$\begin{aligned}
P(x_1)&=y_1l_1(x_1)+y_2l_2(x_1)+y_3l_3(x_1)\\
&=y_1\times 1+y_2\times 0+y_3\times 0=y_1\\
P(x_2)&=y_1l_1(x_2)+y_2l_2(x_2)+y_3l_3(x_2)\\
&=y_1\times 0+y_2\times 1+y_3\times 0=y_2\\
P(x_3)&=y_1l_1(x_3)+y_2l_2(x_3)+y_3l_3(x_3)\\
&=y_1\times 0+y_2\times 0+y_3\times 1=y_3
\end{aligned} \tag{4.1.18}$$

となるからです．ここで定義した $l_1(x)$，$l_2(x)$，$l_3(x)$ がラグランジュの補間多項式です．

Example 4.1.3

4点$(x_1,\ y_1)$，$(x_2,\ y_2)$，$(x_3,\ y_3)$，$(x_4,\ y_4)$をとおる3次式を求めなさい．

[Answer]

3点を通る2次式の作り方を参照して

$$l_1(x) = \frac{(x-x_2)(x-x_3)(x-x_4)}{(x_1-x_2)(x_1-x_3)(x_1-x_4)}$$

$$l_2(x) = \frac{(x-x_1)(x-x_3)(x-x_4)}{(x_2-x_1)(x_2-x_3)(x_2-x_4)}$$

$$l_3(x) = \frac{(x-x_1)(x-x_2)(x-x_4)}{(x_3-x_1)(x_3-x_2)(x_3-x_4)}$$

$$l_4(x) = \frac{(x-x_1)(x-x_2)(x-x_3)}{(x_4-x_1)(x_4-x_2)(x_4-x_3)} \tag{4.1.19}$$

とおきます．このとき求める3次式は

$$P(x) = y_1 l_1(x) + y_2 l_2(x) + y_3 l_3(x) + y_4 l_4(x) \tag{4.1.20}$$

となります．

Example 4.1.4

3点(0.0, 1.0)，(0.1, 1.10517)，(0.2, 1.22140)が与えられたとき，$x = 0.15$での関数値を求めなさい．

[Answer]

ラグランジュの補間多項式から

$$l_1(0.15) = \frac{(0.15-0.1)(0.15-0.2)}{(0.0-0.1)(0.0-0.2)} = -0.125$$

$$l_2(0.15) = \frac{(0.15-0.0)(0.15-0.2)}{(0.1-0.0)(0.1-0.2)} = 0.75$$

$$l_3(0.15) = \frac{(0.15-0.0)(0.15-0.1)}{(0.2-0.0)(0.2-0.1)} = 0.375 \tag{4.1.21}$$

となります．したがって，$x = 0.15$のときの推定値は

$$f(0.15) = -0.125 \times 1.0 + 0.75 \times 1.10517 + 0.375 \times 1.22140$$
$$= 1.1619 \tag{4.1.22}$$

となります．

なお，この3点の値は $y = e^x$ から決めました．したがって，正しい値は $e^{0.15} = 1.1618$ となります．

一般には次のようになります．

Point

ラグランジュ補間

n 個の点(x_1, y_1)，$\cdots$，(x_n, y_n)を通る $n-1$ 次多項式 $P(x)$ は

$$P(x) = \sum_{j=1}^{n} y_j l_j(x) \tag{4.1.23}$$

ただし

$$l_j(x) = \frac{(x-x_1)\ \cdots(x-x_{j-1})\ (x-x_{j+1})\ (x-x_n)}{(x_j-x_1)\cdots(x_j-x_{j-1})(x_j-x_{j+1})(x_j-x_n)} \tag{4.1.24}$$

で与えられます．

よく知られているように，n 次多項式は最大限 $n-1$ 個の点で極値をとります．このことは n 次式には最大限 $n-1$ 個の凹凸があることを意味しています．そこで，多くの点を1度に通るような多項式補間を行った場合には，点の途中に不自然な凹凸が現れ，かえって近似が悪くなることもあります．その例を図4.1.1に示します．これは

$$f(x) = \frac{1}{1 + 10x^8} \tag{4.1.25}$$

を3次式および6次式で補間したもので6次式の方が凸凹が多くなります．したがって，一般に高次の多項式補間はあまり使われません．

多くの点を結ぶ必要がある場合には，一度にすべての点を通るような式は用いず，いくつかの点の組に分けてそれぞれを結ぶと考えたほうが賢明です．たとえば7個の点があるときは，中央の点で区切り，4個ずつの点に分けます(中央の点は2度数えます)．そして4個の点をとおる3次式で近似します．ただし，

このようにした場合には中央の点で曲線が折れ曲がる(微分が不連続)こともあります.

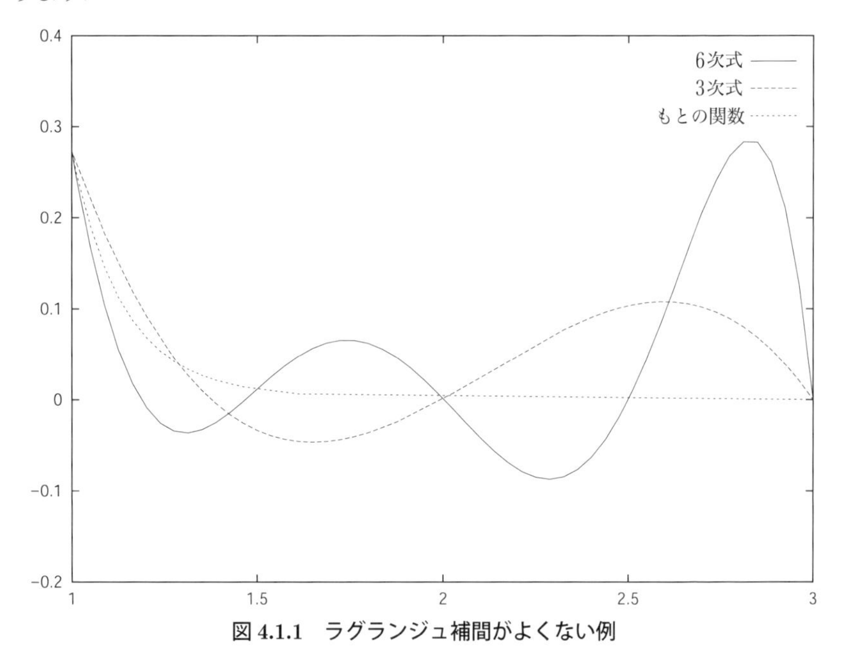

図 4.1.1　ラグランジュ補間がよくない例

4.2　最小 2 乗法

ある電気回路に抵抗をつないで電圧を変化させて電流を測定するという実験を行ったとします．その結果を，横軸に電流，縦軸に電圧をとってプロットしたとき図 4.2.1 のようになったとします．このときの抵抗を推定します．本来ならば，オームの法則から電流と電圧は比例するため，これらの点は 1 直線上にあり，その直線の傾きが抵抗になります．しかし，実際には実験誤差があるために図 4.2.1 のように点がばらついてしまいます．このとき全部の点を通るような多項式で関数を推定するのは無意味で，むしろこれらの点の近くを通る直線をどのように合理的に決めるかが問題になります．このような方法を提供するのが本節で述べる**最小 2 乗法**です.

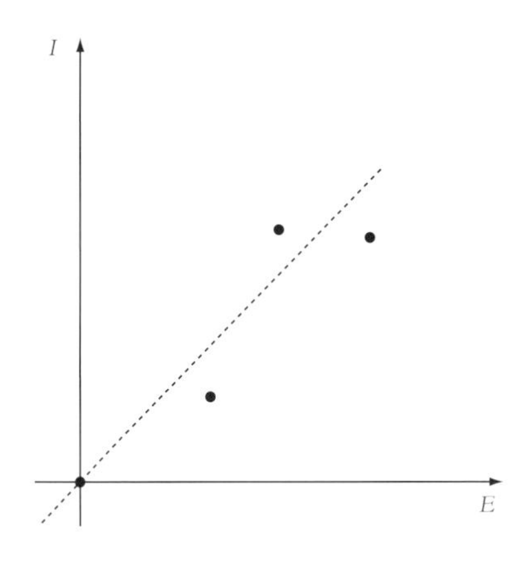

図 4.2.1　電圧と電流

さて今の場合は電流が 0 のとき電圧も 0 ですから，求める直線は測定誤差とは関係なく

$$y = ax \tag{4.2.1}$$

と書けることになります．そこで，上式の比例定数をいかにして決めるかという問題になります．本来は直線上にあるはずの点が，直線上にないため，たとえば 1 番目の点$(x_1,\ y_1)$では

$$e_1 = y_1 - ax_1 \tag{4.2.2}$$

だけの誤差が生じます．そこで，求める直線は各点における誤差の和がなるべく小さくなるように決めればよいことになります．一方，誤差は正にも負にもなるため，単純に誤差を足し合わせただけでは，正と負の誤差が打ち消しあって，個々の点で誤差が大きくてもその和は小さいということになります．このことを防ぐひとつの方法として，各点の誤差の絶対値を足し合わせてそれを最小にするという方法が考えられます．ただし，この方法は絶対値を含む式なので，数学的な取り扱いはかなり面倒になります．そこで，誤差の絶対値の和の代わりに誤差の 2 乗(負にはならない)の和を最小にするとすれば数学的にも取り扱いやすくなります．

例えば，3 点$(x_1,\ y_1)$，$(x_2,\ y_2)$，$(x_3,\ y_3)$が与えられた場合には

$$e = e_1^2 + e_2^2 + e_3^2 \tag{4.2.3}$$

と書いてこの式が最も小さくなるように a を決めます．具体的に計算すれば，e は a の関数であり

$$\begin{aligned} e &= (y_1 - ax_1)^2 + (y_2 - ax_2)^2 + (y_3 - ax_3)^2 \\ &= (x_1^2 + x_2^2 + x_3^2)a^2 - 2(x_1y_1 + x_2y_2 + x_3y_3)a + (y_1^2 + y_2^2 + y_3^2) \end{aligned} \tag{4.2.4}$$

となります．最小値を求めるために，この式を a で微分して 0 とおけば

$$\frac{de}{da} = 2(x_1^2 + x_2^2 + x_3^2)a - 2(x_1y_1 + x_2y_2 + x_3y_3) = 0 \tag{4.2.5}$$

となるので，a として

$$a = \frac{x_1y_1 + x_2y_2 + x_3y_3}{x_1^2 + x_2^2 + x_3^2} \tag{4.2.6}$$

が求まります．

この問題では，もともと直線が原点をとおりましたが，実際にはこのような確定した点がないことがふつうです．そういった場合には，求める直線として

$$y = ax + b \tag{4.2.7}$$

として a と b の両方を決める必要があります．具体的な手順は上と同じで，

$$e_1 = y_1 - ax_1 - b \tag{4.2.8}$$

のような誤差を各点で求めて，それらの 2 乗の和が最小になるように a と b を決めます．

上の例では

$$\begin{aligned} e &= e_1^2 + e_2^2 + e_3^2 \\ &= (y_1 - ax_1 - b)^2 + (y_2 - ax_2 - b)^2 + (y_3 - ax_3 - b)^2 \end{aligned} \tag{4.2.9}$$

となり，e は a と b の関数となります．この関数が最小値をとる点では b を一定とみなして a で微分した式が 0 となり，さらに a を一定とみなして b で微分した式も 0 になる（数学の言葉ではそれぞれ a と b で偏微分した式が 0 になる）ことが知られています．具体的には，それぞれの式は

$$
\begin{aligned}
\frac{\partial e}{\partial a} &= -2x_1(y_1 - ax_1 - b) - 2x_2(y_2 - ax_2 - b) - 2x_3(y_3 - ax_3 - b) \\
&= 2Pa + 2Qb - 2M = 0 \\
\frac{\partial e}{\partial b} &= -2(y_1 - ax_1 - b) - 2(y_1 - ax_1 - b) - 2(y_1 - ax_1 - b) \\
&= 2Qa + 2Rb - 2N = 0
\end{aligned}
\tag{4.2.10}
$$

となります．ただし

$$
\begin{aligned}
P &= x_1^2 + x_2^2 + x_3^2 \\
Q &= x_1 + x_2 + x_3 \\
R &= 1 + 1 + 1 = 3 \\
M &= x_1y_1 + x_2y_2 + x_3y_3 \\
N &= y_1 + y_2 + y_3
\end{aligned}
\tag{4.2.11}
$$

です．

そこで，この連立2元1次方程式を解けば，a, b として

$$
a = \frac{QN - RM}{Q^2 - PR}, \quad b = \frac{QM - PN}{Q^2 - PR} \tag{4.2.12}
$$

が求まります．そこで，求める直線は

$$
y = \frac{1}{Q^2 - PR}[(QN - RM)x + (QM - PN)] \tag{4.2.13}
$$

となります．

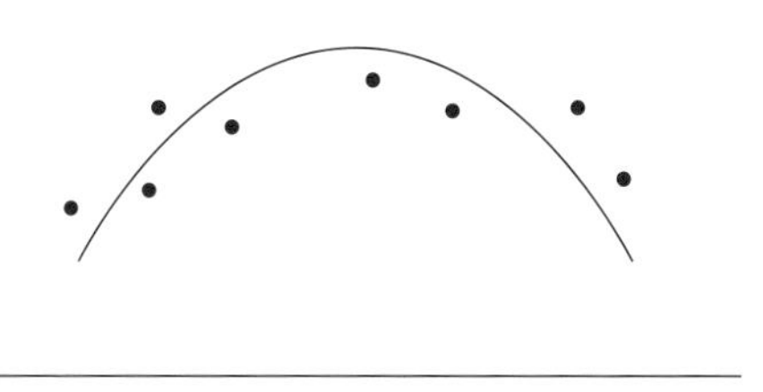

図 4.2.2　曲線近似

次に実験データを整理して図 4.2.2 のようになった場合には直線で近似するのがあまり適当ではありません．そのような場合には，次の候補として2次関数

$$
y = ax^2 + bx + c \tag{4.2.14}
$$

で近似します．この場合も

$$e_1 = y_1 - ax_1^2 - bx_1 - c \tag{4.2.15}$$

のような誤差を各点で考え，その2乗和が最小になるように係数を決めます．これは a, b, c の関数となり，例えば4点$(x_1,\ y_1)$，…，$(x_4,\ y_4)$が与えられた場合には

$$\begin{aligned} e &= e_1^2 + e_2^2 + e_3^2 + e_4^2 \\ &= (y_1 - ax_1^2 - bx_1 - c)^2 + (y_2 - ax_2^2 - bx_2 - c)^2 \\ &\quad + (y_3 - ax_3^2 - bx_3 - c)^2 + (y_4 - ax_4^2 - bx_4 - c)^2 \end{aligned} \tag{4.2.16}$$

となります．この式を最小にする a, b, c は a だけを変数として a で微分して0とおいた式，b だけを変数として b で微分して0とおいた式，および c だけを変数として c で微分して0とおいた式を同時にみたします．具体的には連立3元1次方程式

$$\begin{aligned} Pa + Qb + Rc &= M \\ Qa + Rb + Sc &= N \\ Ra + Sb + Tc &= L \end{aligned} \tag{4.2.17}$$

ただし

$$\begin{aligned} \mathrm{P} &= x_1^4 + x_2^4 + x_3^4 + x_4^4 \\ \mathrm{Q} &= x_1^3 + x_2^3 + x_3^3 + x_4^3 \\ \mathrm{R} &= x_1^2 + x_2^2 + x_3^2 + x_4^2 \\ \mathrm{S} &= x_1 + x_2 + x_3 + x_4 \\ \mathrm{T} &= 1 + 1 + 1 + 1 = 4 \\ \mathrm{M} &= x_1^2 y_1 + x_2^2 y_2 + x_3^2 y_3 + x_4^2 y_4 \\ \mathrm{N} &= x_1 y_1 + x_2 y_2 + x_3 y_3 + x_4 y_4 \\ \mathrm{L} &= y_1 + y_2 + y_3 + y_4 \end{aligned} \tag{4.2.18}$$

を解いて a, b, c を求めます．

3次式以上の曲線で近似する場合も同様です．一般に n 個の点$(x_1,\ y_1)$，$(x_2,\ y_2)$，…，$(x_n,\ y_n)$が与えられたとき，m 次式で近似する場合には次の m+1元連立一次方程式を解いて係数を求めます．

Point

最小 2 乗法

$$
\begin{aligned}
&S_0a_0 + S_1a_1 + S_2a_2 + \cdots + S_ma_m = T_0 \\
&S_1a_0 + S_2a_1 + S_3a_2 + \cdots + S_{m+1}a_m = T_1 \\
&\qquad\qquad\qquad\qquad\vdots \\
&S_ma_0 + S_{m+1}a_1 + S_{m+2}a_2 + \cdots + S_{2m}a_m = T_m
\end{aligned}
\tag{4.2.19}
$$

ただし

$$
S_j = \sum_{k=1}^{n} x_k^j, \quad T_j = \sum_{k=1}^{n} y_k x_k^j \tag{4.2.20}
$$

$(j = 1 \sim m)$ を解いて $a_0 \sim a_m$ を求め

$$
y = a_0 + a_1x + a_2x^2 + \cdots + a_mx^m \tag{4.2.21}
$$

とします.

ただし，n 個の点が与えられた場合には $n-1$ 次式より小さい次数の多項式で近似する必要があります．また多項式補間のところで述べたのと同じ理由で多項式の次数はせいぜい 5 程度にとどめます.

本節で述べた方法，すなわち仮定された曲線とデータ間の誤差の 2 乗和が最小になるように曲線を定める方法を**最小 2 乗法**とよんでいます.

Problems　　Chapter 4

1. 次の3点のデータ($y = \sin x$)から$x = 0.15$の関数の値($\sin 0.15 = 0.149438$)をラグランジュ補間を用いて推定しなさい．

   (0, 0)，(0.1, 0.098334)，(0.2, 0.198669)

2. 2点x_{j-1}とx_jにおいて関数の値f_{j-1}とf_jおよび導関数の値$f_{j-1}{}'$，$f_j{}'$が与えられているとき，次式はこれらの条件を満足することを示しなさい．

$$H_1(x) = f_{j-1} + f'_{j-1}(x - x_{j-1}) + \left\{(f_j - f_{j-1}) - (x_j - x_{j-1})\right\} \frac{(x - x_{j-1})^2}{(x_j - x_{j-1})^2}$$
$$+ \left\{(x_j - x_{j-1})(f'_{j-1} + f'_j) - 2(f_j - f_{j-1})\right\} \frac{(x - x_{j-1})^2 (x - x_j)}{(x_j - x_{j-1})^3}$$

3. 2点$x = 0.1$，0.2において関数値が0.098334，0.198669，導関数値が0.995004，0.980067とした場合2.の式を用いて$x = 0.15$の関数値を推定しなさい．

Chapter 5

数値微分と数値積分

本章では，微分や積分を数値計算ではどのように取り扱うかについて考えてみます．数値計算で微分といった場合には，通常は数値で与えられた関数から，ある点における微分係数を数値で求めるという手続きを指します．この場合，連続的に数値は与えられないので，関数上の離散的な点から微分係数を推定することになります．

次に数値計算で積分といったときは，具体的に数値で値が求まるような積分，すなわち定積分を意味します．数値的な積分が必要になるのは，被積分関数の原始関数が求まらない場合ですが，そのような場合に，定積分を求める代表的な方法を紹介します．

5.1 数値微分 — その 1

微分の定義の復習から始めます．ある関数 $u(x)$ の微分は

$$\frac{du}{dx} = \lim_{h \to 0} \frac{u(x+h) - u(x)}{h} \tag{5.1.1}$$

で与えられます．ここで，右辺を極限をとる前の値の

Point

前進差分

$$\frac{du}{dx} \sim \frac{u(x+h) - u(x)}{h} \tag{5.1.2}$$

で近似します．右辺の意味は，図 5.1.1 に示すように関数を表す曲線上の近接した 2 点 P，Q すなわち 2 点 $(x,\ u(x))$，$(x+h,\ u(x+h))$ を結んだ直線の傾きを表します．ここで $h \to 0$ のとき，点 Q は点 P に限りなく近づくため，その極限ではこの直線は点 P における曲線の接線になります．したがって，点 P での微分はその点での接線の傾きを表します．数値計算では極限を計算する

ことはできないため，h を十分小さいとして，式(5.1.2)の値を式(5.1.1)の近似とみなします．もちろん，もとの曲線が直線でない限り，図からも明らかなように両者には差がありますが，ともかくその誤差を無視します．ここで述べた近似は微分係数の**前進差分**近似といいます．前進といった意味は，ある点での微分係数を，その点とそれより少し前方にある点で評価しているからです．

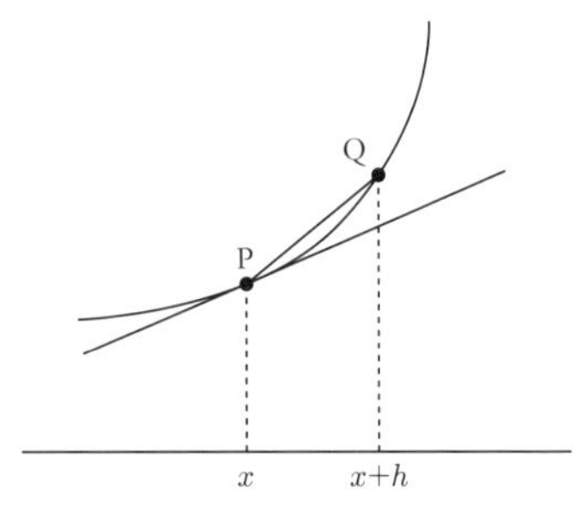

図 5.1.1　接線と前進差分

関数 $u(x)$ の微分の定義は一通りではなく，たとえば式(5.1.1)のかわりに

$$\frac{du}{dx} = \lim_{h \to 0} \frac{u(x) - u(x-h)}{h} \tag{5.1.3}$$

を用いることもできます．これから，微分の近似式として

Point

後進差分

$$\frac{du}{dx} \sim \frac{u(x) - u(x-h)}{h} \tag{5.1.4}$$

という式も得られます．この近似を，ある点とそれより後方の点を使っているという意味で**後退差分**近似とよんでいます．さらに微分は

$$\frac{du}{dx} = \lim_{h \to 0} \frac{u(x+h) - u(x-h)}{2h} \tag{5.1.5}$$

という式で表すこともあります．これから近似式

Point

中心差分

$$\frac{du}{dx} \sim \frac{u(x+h)-u(x-h)}{2h} \tag{5.1.6}$$

が得られます．これは考えている点が中心にあるという意味で**中心差分**近似といいます．図 5.1.2 のように前進差分(PQ の傾き)と後退差分(RP の傾き)および中心差分(RQ の傾き)を同じ図に図示すると，中心差分が 3 者の中ではもっとも近似がよいことが見て取れます．

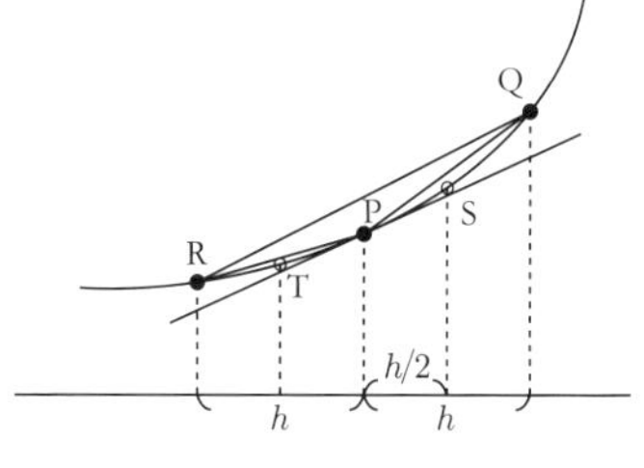

図 5.1.2　いろいろな差分近似

さらに図 5.1.2 から前進差分は点 P における微分係数よりも，点 P と点 Q の中点 S$(x+h/2,\ u(x+h/2))$における微分係数をよりよく近似しており，同様に後退差分は点 P と点 R の中点 T$(x-h/2,\ u(x-h/2))$における微分係数をよりよく近似しています．

次に 2 階微分の近似を考えます．2 階微分は 1 階微分の微分ですから，そのひとつの定義として図 5.1.2 の点 P と点 Q の中点 S での 1 階微分の値と，点 P と点 R の中点 T での 1 階微分の値を用いて

$$\frac{d^2u}{dx^2} = \lim_{h\to 0}\left\{\left(\frac{du}{dx}\right)_S - \left(\frac{du}{dx}\right)_T\right\}\Big/ h \tag{5.1.7}$$

と定義できます．数値微分では 1 階微分の場合と同様に，h を十分に小さいとしてこの式の極限をとる前の値で近似します．さらに，上に述べたことから，この式の分子の微分項をそれぞれ点 P における前進差分と後退差分で置き換えれば

$$\frac{d^2u}{dx^2} \sim \left(\frac{u(x+h)-u(x)}{h} - \frac{u(x)-u(x-h)}{h}\right)\Big/ h$$

より

Point

中心差分（2 階微分）

$$\frac{d^2u}{dx^2} \sim \frac{u(x-h) - 2u(x) + u(x+h)}{h^2} \tag{5.1.8}$$

となります．この近似式は 1 階微分の場合と同じく中心差分近似とよばれ，2 階微分係数の近似として標準的に使われる公式になっています．

5.2　数値微分 — その 2

本節では数値微分を補間の考え方で求めてみます．ここでは 2 階微分を例にとります．いまある点 P での 2 階微分係数を求めるために点 P および両隣りの点 R と Q での関数値を利用することを考えます．このとき 3 点をとおる 2 次式は一通りに決まりますが，それを

$$u = ax^2 + bx + c \tag{5.2.1}$$

と書くことにします．この式を 2 階微分すれば

$$\frac{d^2u}{dx^2} = 2a \tag{5.2.2}$$

となるので，結局，2 階微分は式(5.2.1)の x^2 の項の係数を 2 倍したもので与えられることがわかります．

具体的に 3 点を$(x_1,\ u_1)$，$(x_2,\ u_2)$，$(x_3,\ u_3)$として $x = x_2$ での 2 階微分の近似を求めてみます．前章で述べたラグランジュ補間を用いれば，3 点を通る 2 次式は

$$\begin{aligned} u(x) = &\frac{(x-x_2)(x-x_3)}{(x_1-x_2)(x_1-x_3)}u_1 + \frac{(x-x_1)(x-x_3)}{(x_2-x_1)(x_2-x_3)}u_2 \\ &+ \frac{(x-x_1)(x-x_2)}{(x_3-x_1)(x_3-x_2)}u_3 \end{aligned} \tag{5.2.3}$$

となります．そこで，上式を 2 回微分すれば 2 階微分の近似として

$$\frac{d^2u}{dx^2} \sim \frac{2u_1}{(x_1-x_2)(x_1-x_3)} + \frac{2u_2}{(x_2-x_1)(x_2-x_3)} + \frac{2u_3}{(x_3-x_1)(x_3-x_2)} \tag{5.2.4}$$

が得られます．特にこの式で

$$x_1 = x - h, \quad x_3 = x + h \tag{5.2.5}$$

とおけば

$$\frac{d^2u}{dx^2} \sim \frac{u_1 - 2u_2 + u_3}{h^2} \tag{5.2.6}$$

となり，式(5.1.8)と一致することがわかります．

この方法は前節の方法では取り扱いが面倒な3階微分以上の近似に対しても機械的に近似式を与えてくれるという利点があります．たとえば3階微分については4点を与えて3次式を決めて，それを3回微分します．また逆にこのことから n 階微分係数をひととおりに定めるためには $n+1$ 点での関数値が必要なこともわかります．なぜなら，たとえば n 点での値しかなければ $n-1$ 次式しか求まらず，それを n 回微分すれば0になるからです．

5.3 区分求積法と台形公式

定積分

$$\int_a^b f(x)dx \tag{5.3.1}$$

の値を数値的に求める方法を**数値積分**といいます．これは図5.3.1に示すように，関数 $y=f(x)$ と x 軸および，直線 $x=a$，$x=b$ で囲まれた図形の面積です．そこで，この面積を求めるために図5.3.2(a)に示すように区間 $[a, b]$ を n 等分して細長い短冊に区切り，その面積の和を求めることにします．そのとき，図に示すように短冊を曲線より下にある長方形の面積で代用すれば，j 番目の長方形の面積 S_j は，縦が $f(x_{j-1})$，横が $x_j - x_{j-1}$ なので，$S_j = f(x_{j-1})(x_j - x_{j-1})$ となります．したがって，全体の面積は

$$S = \sum_{j=1}^{n} S_j = \sum_{j=1}^{n} f(x_{j-1})(x_j - x_{j-1}) \tag{5.3.2}$$

となります．特に短冊の幅が一定$(= h)$であるならば

$$S = \sum_{j=1}^{n} S_j = h(f(x_0) + f(x_1) + \cdots + f(x_{n-1})) \tag{5.3.3}$$

と簡単化されます．

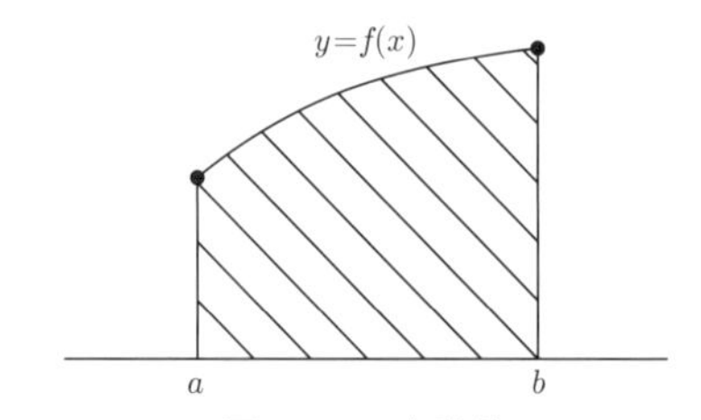

図 5.3.1　定積分

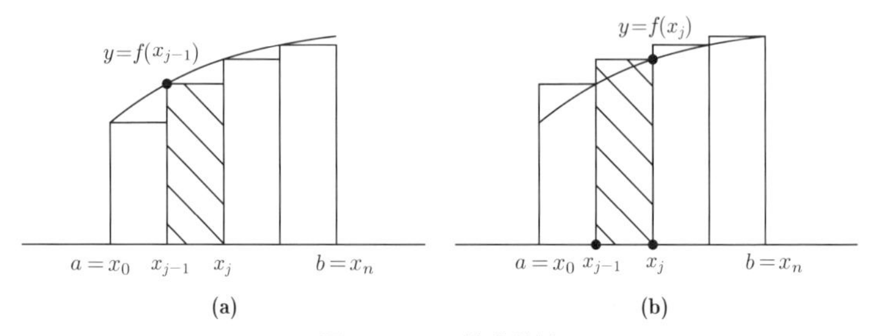

図 5.3.2　区分求積法

次に，図 5.3.2(b)に示すように短冊を曲線より上にある長方形の面積で代用すれば，j 番目の長方形の面積 S_j は縦が $f(x_j)$，横が $x_j - x_{j-1}$ なので，$S_j = (x_j - x_{j-1}) f(x_j)$となります．したがって，この場合の全体の面積は

$$S = \sum_{j=1}^{n} S_j = \sum_{j=1}^{n} f(x_j)(x_j - x_{j-1}) \tag{5.3.4}$$

となります．特に短冊の幅が一定$(= h)$であるならば

$$S = \sum_{j=1}^{n} S_j = h(f(x_1) + f(x_2) + \cdots + f(x_n)) \tag{5.3.5}$$

と簡単化されます．

いずれにせよ区間幅が 0 の極限では式(5.3.2)，(5.3.4)は定積分の定義式に

なっているため，区間幅が小さいほど厳密な積分値に近くなると考えられます．ここで述べた方法で定積分の近似値を求める方法を**区分求積法**といいます．区分求積法は上述のように2通りあり，どちらを選んでも曲線を階段状に近似したことになるため，誤差は少なくないと考えられます．

そこで，次にひとつの短冊の面積を，図5.3.3に示すような台形で近似してみます．このとき j 番目の台形の面積 S_j は

$$S_j = \frac{1}{2}(f(x_{j-1}) + f(x_j))(x_j - x_{j-1}) \tag{5.3.6}$$

となるので，定積分は

$$S = \sum_{j=1}^{n} S_j = \frac{1}{2}\sum_{j=1}^{n}(f(x_{j-1}) + f(x_j))(x_j - x_{j-1}) \tag{5.3.7}$$

で近似されます．特に短冊の幅 $x_j - x_{j-1}$ が j によらず一定の場合には，幅を h として

Point

台形公式

$$\int_{x_0}^{x_n} f(x)\,dx = \frac{h}{2}(f(x_0)+2f(x_1)+2f(x_2)+\cdots+2f(x_{n-1})+f(x_n)) \tag{5.3.8}$$

と簡単化されます．この方法を台形公式とよんでいます．**台形公式**(5.3.7) は2つの区分求積法(5.3.2)，(5.3.4)の平均(加えて2で割ったもの)と一致しています．

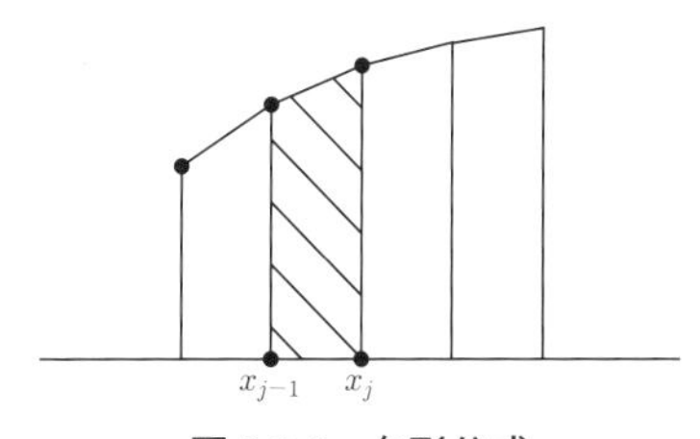

図 5.3.3　台形公式

Example 5.3.1

$$\int_{1.0}^{1.3} \sqrt{x}dx (= 0.3214853684\cdots)$$

の値を台形公式を用いて，両端を含めた分点数が 3，5，9（短冊の数は 2，4，8）の場合について計算しなさい．

[Answer]

以下のようになります．（ただし等間隔の場合）

	台形公式
3	0.32137023
5	0.32145656
9	0.32147816

5.4　シンプソンの公式

定積分を求める場合に，偶数個の短冊に区切って，隣り合った 2 つの短冊を組にして考えてみます．もし，積分区間を $2n$ 個の短冊に分ければ，このような短冊の組は n 組できます．いまその中の一組を取り出して，その面積を求めてみます．積分区間が $[x_{2j-2},\ x_{2j}]$ であるとすると，厳密にはもとの曲線と x 軸との間の面積を求める必要がありますが，不定積分が見つからないので計算できません．そこで，その代わりに，曲線を 3 点$(x_{2j-2},\ f(x_{2j-2}))$，$(x_{2j-1},\ f(x_{2j-1}))$，$(x_{2j},\ f(x_{2j}))$をとおる放物線で置き換えて，放物線と x 軸との間の面積で近似すれば不定積分が求まるため計算できます(図 5.4.1)．この 3 点を通る放物線はすでに式(4.1.17)に示しています(ただし, $y_1 = f(x_{2j-2})$, $y_2 = f(x_{2j-1})$, $y_3 = f(x_{2j})$)．そこで，その面積を S_i と書くことにすれば

$$S_i = \int_{x_{2i-2}}^{x_{2i}} \frac{(x - x_{2j-1})(x - x_{2j})}{(x_{2j-2} - x_{2j-1})(x_{2j-2} - x_{2j})} f(x_{2j-2})dx$$
$$+ \int_{x_{2i-2}}^{x_{2i}} \frac{(x - x_{2j-2})(x - x_{2j})}{(x_{2j-1} - x_{2j-2})(x_{2j-1} - x_{2j})} f(x_{2j-1})dx$$
$$+ \int_{x_{2i-2}}^{x_{2i}} \frac{(x - x_{2j-2})(x - x_{2j-1})}{(x_{2j} - x_{2j-2})(x_{2j} - x_{2j-1})} f(x_{2j})dx \tag{5.4.1}$$

となります．したがって，全体の面積 S は実際に積分を実行して，すべての組の和をとることにより求まり

$$
\begin{aligned}
S &= \sum_{j=1}^{n} S_j \\
&= \sum_{j=1}^{n} \left\{ \frac{(x_{2j} - x_{2j-2})\,(2(x_{2j-1} - x_{2j-2}) - (x_{2j} - x_{2j-1}))}{6(x_{2j-1} - x_{2j-2})} f(x_{2j-2}) \right. \\
&\quad + \frac{(x_{2j} - x_{2j-2})^3}{6(x_{2j-1} - x_{2j-2})(x_{2j} - x_{2j-1})} f(x_{2j-1}) \\
&\quad \left. + \frac{(x_{2j} - x_{2j-2})(2(x_{2j} - x_{2j-1}) - (x_{2j-1} - x_{2j-2}))}{6(x_{2j} - x_{2j-1})} f(x_{2j}) \right\}
\end{aligned}
\tag{5.4.2}
$$

となります．

特に短冊の幅が一定$(= h)$ならば

$$
S_j = \frac{h}{3}(f(x_{2j-2}) + 4f(x_{2j-1}) + f(x_{2j})) \tag{5.4.3}
$$

と簡単化されるので，全体の面積は j について 1 から n まで和をとって

Point

シンプソンの公式

$$
\begin{aligned}
\int_{x_0}^{x_n} f(x)\,dx = \frac{h}{3}(f(x_0) + 4f(x_1) + 2f(x_2) + 4f(x_3) \\
+ \cdots + 2f(x_{2n-2}) + 4f(x_{2n-1}) + f(x_{2n}))
\end{aligned}
\tag{5.4.4}
$$

で近似できます．定積分を式(5.4.2)，(5.4.4)で近似する公式を**シンプソンの公式**とよんでいます．なお，式（5.4.4）において h は台形公式の半分です．

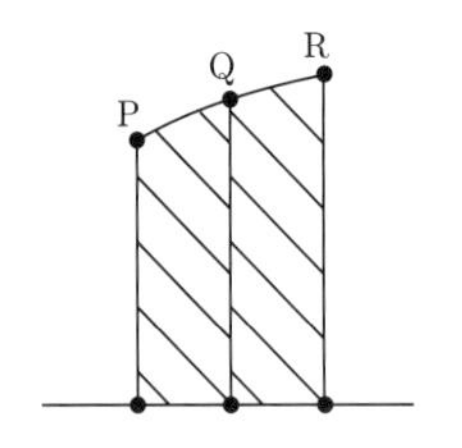

図 5.4.1　シンプソンの公式

Example 5.4.1

$$\int_{1.0}^{1.3} \sqrt{x}dx (= 0.3214853684\cdots)$$

の値をシンプソンの公式を用いて，両端を含めた分点数が 3，5，9（短冊の数は 2，4，8）の場合を計算しなさい．

[Answer]

以下のようになります．（ただし等間隔の場合）

	シンプソンの公式
3	0.32148487
5	0.32148538
9	0.32148537

Problems　　Chapter 5

1. 等間隔に並んだ 4 格子点における u の値 u_{j-1}，u_j，u_{j+1}，u_{j+2} を用いて $x = x_j$ における 3 階微分を近似する式をつくりなさい．

2. $\displaystyle\int_0^1 \frac{1}{1+x}dx \left(= \log 2 = 0.693147\cdots\right)$ の近似値を積分区間を 10 等分して区分求積法，台形公式，シンプソンの公式を用いて求めなさい．

3. $f(x)$を 4 章の問題 2. の $H(x)$を用いて近似するとき

$$\int_{x_{i-1}}^{x_i} f(x)dx$$

の近似式を求めなさい．また $x_0 = a$，$x_n = b$ として区間$[a, b]$を n 等分したとき，この近似式から

$$\int_a^b f(x)dx = \frac{h}{2}\sum_{j=1}^{n}(f_{j-1} + f_j) + \frac{h^2}{12}\{f'(a) - f'(b)\}$$

が得られること（ただし，$h = (b-a)/n$）を示しなさい．

Chapter 6

微分方程式

時々刻々と変化する自然現象や社会現象を解析するとき，いろいろな量の変化の仕方に注目することが多くあります．そのような場合には**微分方程式**が登場します．したがって，微分方程式を解いて解を求めることは，そういった現象を理解する上で必要不可欠で，数学において古くから研究されてきました．しかし，現象が複雑になればなるほど微分方程式も複雑になり，数式の形で解を求める正攻法では手に負えなくなります．そのような場合に威力を発揮するのが数値解法です．微分方程式の数値解法といえば，非常に難しいものと思われるかも知れませんが，本章を読めばわかるように，実際はその逆で，基本的な発想は単純，明解です．本章では，数値解法の中でも特に簡単な方法を紹介します．

6.1 初期値問題—1

はじめに 1 階微分方程式

$$\frac{du}{dt} = u \tag{6.1.1}$$

を初期条件

$$u(0) = 1 \tag{6.1.2}$$

のもとで解くことを考えます．前章でも述べましたが，コンピュータでは微分することができないため，微分方程式の微分を数値微分で置き換えてみます．いま微分係数の近似に前進差分を用いると，もとの微分方程式は

$$\frac{u(t+h) - u(t)}{h} = u(t) \tag{6.1.3}$$

すなわち

$$u(t+h) = u(t) + hu(t) = (1+h)u(t) \tag{6.1.4}$$

となります．この式は時間 t での u の値から微小な時間 h 後の u の値を求める式とみなすことができます．一方,時間 0 での u の値は与えられているため,この式を繰り返し用いることによって，解の近似値が h 間隔で求まることになります．実際，式(6.1.4)で $t=0$ とおけば

$$u(h)=(1+h)u(0)=1+h \tag{6.1.5}$$

となり，次に式(6.1.4)で $t=h$ とおいて，式(6.1.5)を用いれば

$$u(2h)=(1+h)u(h)=(1+h)(1+h)=(1+h)^2 \tag{6.1.6}$$

となります．以下，同様に式(6.1.4)で順に $t=2h$，$t=3h$ などと置いていけば

$$\begin{aligned} u(3h)&=(1+h)u(2h)=(1+h)(1+h)^2=(1+h)^3 \\ u(4h)&=(1+h)u(3h)=(1+h)(1+h)^3=(1+h)^4 \\ &\cdots \end{aligned} \tag{6.1.7}$$

となります．この式から一般に

$$u(nh)=(1+h)^n \tag{6.1.8}$$

という近似解が得られることがわかります．このように 1 階微分方程式の微分を前進差分で置き換えて解く方法を**オイラー法**とよんでいます．

いま，$nh=T$ とおけば，オイラー法で求めたもとの方程式の解は

$$u(T)=\left(1+\frac{T}{n}\right)^n \tag{6.1.9}$$

と書けます．一方，初期条件 $u(0)=1$ を満足する厳密解は

$$u(T)=e^T \tag{6.1.10}$$

です．ここで式(6.1.9)の時間間隔 h を限りなく小さくしてみます．このとき，$n\to\infty$ となりますが, 式(6.1.9)はこの極限において式(6.1.10)に一致する（指数関数の定義式）ことがわかります．

オイラー法は次の形をした任意の 1 階微分方程式の初期値問題に適用できます：

$$\begin{aligned} \frac{du}{dt}&=f(t,u) \\ u(0)&=a \end{aligned} \tag{6.1.11}$$

ここで，f は t と u に関して形が与えられた関数です．式(6.1.11)の微分を前進差分で置き換えると

$$\frac{u(t+h)-u(t)}{h}=f(t,u(t)) \tag{6.1.12}$$

すなわち，

$$u(t+h)=u(t)+hf(t,\,u(t)) \tag{6.1.13}$$

となります．この式も時間 t での値から，時間 $t+h$ の値を求める式とみなせます．特にこの式で $t=nh$ とおけば

$$u((n+1)h)=u(nh)+hf(nh,\,u(nh)) \tag{6.1.14}$$

となります．いま，記法を簡単にするため，$nh=t_n$ および

$$u(0)=u_0,\,u(h)=u_1,\,\cdots,\,u(nh)=u_n,\,\cdots \tag{6.1.15}$$

とおくとき式(6.1.14)は

$$u_{n+1}=u_n+hf(t_n,\,u_n) \tag{6.1.16}$$

となります．u_n が与えられれば $f(t_n,\,u_n)$ は計算できる量なので，式(6.1.16)は漸化式になっています．そこで，$u_0=a$ からはじめて，式(6.1.16)の n を0，1，2，…と順に増加させていくことにより，方程式(6.1.11)の解が h 刻みに求まります(図 6.1.1)．

以上をまとめると次のようになります．

Point

オイラー法

$$\frac{du}{dt}=f(t,u)$$

の近似解は $n=0,\,1,\,2,\,\cdots$ として

$$u_{n+1}=u_n+hf(t_n,\,u_n)$$
$$t_{n+1}=t_n+h$$

より求められます．

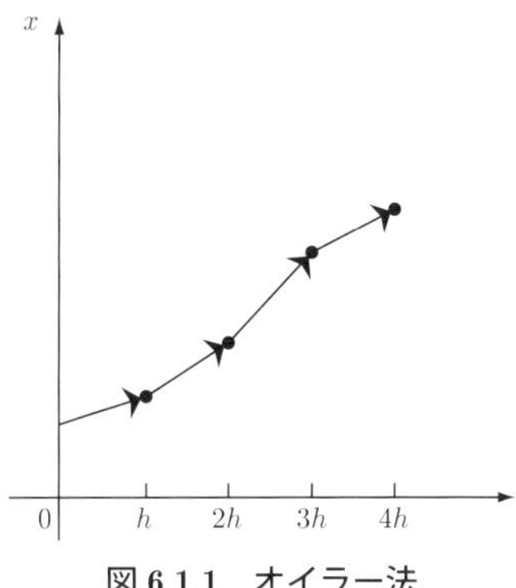

図 6.1.1　オイラー法

Example 6.1.1

1 階微分方程式（リッカチの方程式）

$$\frac{du}{dt} = (t^2 + t + 1) - (2\,t + 1)u + u^2 \tag{6.1.17}$$

を初期条件 $u(0) = 0.5$ のもとで解きなさい．

[Answer]

この方程式はリッカチの微分方程式とよばれるもののひとつです．この場合には厳密解

$$u = \frac{te^t + t + 1}{e^t + 1} \tag{6.1.18}$$

をもちます．

この方程式をオイラー法で近似すれば

$$u_{n+1} = u_n + h((t_n^2 + t_n + 1) - (2t_n + 1)x_n + x_n^2) \tag{6.1.19}$$

となります．ここで $h = 0.1$ とすれば

$$\begin{aligned}
u_1 &= u_0 + h((t_0^2 + t_0 + 1) - (2t_0 + 1)u_0 + u_0^2) \\
&= 0.5 + 0.1 \times ((0^2 + 0 + 1) - (2 \times 0 + 1) \times 0.5 + 0.25) \\
&= 0.575 \\
u_2 &= u_1 + h((t_1^2 + t_1 + 1) - (2t_1 + 1)u_1 + u_1^2) \\
&= 0.575 + 0.1 \times ((0.01 + 0.1 + 1) - (2 \times 0.1 + 1) \times 0.575 + (0.575)^2)) \\
&= 0.65006
\end{aligned} \tag{6.1.20}$$

というように順に解が求まります．計算結果と厳密解との比較を表 6.1.1 に示します．

表 6.1.1　オイラー法

t の値	近似解	厳密解
0.000000	0.50000000	0.50000000
0.100000	0.57499999	0.57502085
0.200000	0.65006250	0.65016598
0.300000	0.72531188	0.72555745
0.400000	0.80086970	0.80131233
0.500000	0.87685239	0.87754065
0.600000	0.95336890	0.95434374
0.700000	1.03051901	1.03181231
0.800000	1.10839140	1.11002553
0.900000	1.18706274	1.18905067
1.000000	1.26659691	1.26894152
1.100000	1.34704459	1.34974003
1.200000	1.42844319	1.43147540
1.300000	1.51081753	1.51416516
1.400000	1.59418023	1.59781611
1.500000	1.67853284	1.68242574
1.600000	1.76386690	1.76798177
1.700000	1.85016549	1.85446537
1.800000	1.93740392	1.94185138
1.900000	2.02555156	2.03010869
2.000000	2.11457276	2.11920333

6.2　連立・高階微分方程式

はじめに例として，連立微分方程式

$$\frac{dx}{dt} = -3x - 2y + 2t$$
$$\frac{dy}{dt} = 2x + y - \sin t \tag{6.2.1}$$

を初期条件

$$x(0) = 4.5, \quad y(0) = -6.5 \tag{6.2.2}$$

のもとで解くことを考えます．これらの式は前進差分を用いて

$$x_{n+1} = x_n + h(-3x_n - 2y_n + 2t_n)$$

$$y_{n+1} = y_n + h(\ 2x_n + \ y_n - \sin t_n) \qquad (6.2.3)$$

と近似されます（オイラー法）．そこで $h = 0.1$ とすれば

$$x_1 = 4.5 + 0.1 \times (-3 \times 4.5 - 2 \times (-6.5) + 2 \times 0) = 4.45$$

$$y_1 = -6.5 + 0.1 \times (2 \times 4.5 - 6.5 - \sin 0) = -6.25$$

$$x_2 = 4.45 + 0.1 \times (-3 \times 4.45 - 2 \times (-6.25) + 2 \times \sin(0.1))$$
$$= 0.4385$$

$$y_2 = -6.25 + 0.1 \times (2 \times 4.45 - 6.25 - \sin(0.1))$$
$$= -5.9950 \qquad (6.2.4)$$

というように順に解の近似値が求まります．表 6.2.1 にはこのようにして得られた数値解と厳密解

$$x = \left(-\frac{1}{2} + t\right)e^{-t} + (-2t + 6) - \cos t$$

$$y = -te^{-t} + (4t - 8) + \frac{3}{2}\cos x - \frac{1}{2}\sin t \qquad (6.2.5)$$

との比較を示します．

表 6.2.1　連立微分方程式の解

t の値	x の近似解	x の厳密解	y の近似解	y の厳密解
0.00000	4.50000000	4.50000000	-6.50000000	-6.50000000
0.10000	4.44999981	4.44306087	-6.25000000	-6.22789391
0.20000	4.38499975	4.37431383	-5.99498320	-5.99298096
0.30000	4.30849648	4.29649973	-5.73734856	-5.73700094
0.40000	4.22341728	4.21190691	-5.47893620	-5.48124599
0.50000	4.13217926	4.12241745	-5.22108841	-5.22660446
0.60000	4.03674316	4.02954578	-4.96470404	-4.97360468
0.70000	3.93866110	3.93447495	-4.71028996	-4.72245455
0.80000	3.83912086	3.83809137	-4.45800829	-4.47308064
0.90000	3.73898625	3.74101758	-4.20772076	-4.22516108
1.00000	3.63883448	3.64363718	-3.95902824	-3.97816110
1.10000	3.53898978	3.54612637	-3.71131134	-3.73136735
1.20000	3.43955517	3.44847798	-3.46376514	-3.48391557

この手順は一般の連立 2 元の 1 階微分方程式の初期値問題

$$\frac{dx}{dt} = f(t, x, y)$$
$$\frac{dy}{dt} = g(t, x, y)$$
$$x(0) = a, \quad y(0) = b \tag{6.2.6}$$

に対しても全く同様にあてはめることができます．なぜなら，各微分係数を前進差分でおきかえて変形すれば

$$x(t+h) = x(t) + hf(t, x(t), y(t))$$
$$y(t+h) = y(t) + hg(t, x(t), y(t)) \tag{6.2.7}$$

となるので，t における関数値を用いて $t+h$ の関数値がただちに計算できるからです．この式を漸化式の形に書き表すとさらにわかりやすくなります．すなわち，$x(nh) = x_n$，$y(nh) = y_n$，$nh = t_n$ とおくことによって

Point

オイラー法（連立微分方程式）

$$x_{n+1} = x_n + hf(t_n, x_n, y_n)$$
$$y_{n+1} = y_n + hg(t_n, x_n, y_n)$$
$$t_{n+1} = t_n + h \tag{6.2.8}$$

となります．ここで f，g は既知なので，この式を用いて x_0，y_0 からはじめて順次

$$x_0, y_0 \to x_1, y_1 \to x_2, y_2 \to \cdots \tag{6.2.9}$$

の順に計算できます．なお，同じ方法(オイラー法)が連立 1 階微分方程式の元数によらずに適用できます．

次に 2 階微分方程式の初期値問題を考えてみます．例として

$$\frac{d^2x}{dt^2} = -x \qquad \text{ただし } x(0) = 0,\ \frac{dx}{dt}(0) = 1 \tag{6.2.10}$$

を考えます（単振動の方程式）．いま，$y = dx/dt$ とおけば，$dy/dt = d^2x/dt^2$ となるので，もとの方程式は連立 2 元の 1 階微分方程式

$$\frac{dx}{dt} = y$$
$$\frac{dy}{dt} = -x \tag{6.2.11}$$

を，初期条件

$$x(0) = 0, \quad y(0) = 1 \tag{6.2.12}$$

のもとで解くことに帰着されます．そこで，各方程式にオイラー法を適用すれば，

$$\frac{x(t+h) - x(t)}{h} = y(t)$$
$$\frac{y(t+h) - y(t)}{h} = -x(t) \tag{6.2.13}$$

から

$$x(t+h) = x(t) + hy(t)$$
$$y(t+h) = y(t) - hx(t) \tag{6.2.14}$$

となります．

Point

オイラー法（2 階微分方程式）

$$\frac{d^2x}{dt^2} = f\left(t, x, \frac{dx}{dt}\right)$$

は $dx/dt = y$ とおくと連立 2 元 1 階微分方程式になりオイラー法で解けます．

同様に，高階微分方程式の初期値問題も前におこなったような置き換えで解くことができます．たとえば，3 階微分方程式

$$\frac{d^3x}{dt^3} = f\left(t, x, \frac{dx}{dt}, \frac{d^2x}{dt^2}\right) \tag{6.2.15}$$

の初期条件

$$x(0) = a, \quad \frac{dx}{dt}(0) = b, \quad \frac{d^2x}{dt^2}(0) = c \tag{6.2.16}$$

のもとでの解を求めるには，

$$y = \frac{dx}{dt}, \quad z = \frac{dy}{dt} = \frac{d^2x}{dt^2} \tag{6.2.17}$$

とおきます．このとき，もとの 3 階方程式は

$$\frac{dz}{dt} = f(t, x, y, z) \tag{6.2.18}$$

となるので，この方程式と y および z の定義式

$$\frac{dx}{dt} = y, \quad \frac{dy}{dt} = z \tag{6.2.19}$$

が連立 3 元の 1 階微分方程式を構成することになります．この方程式を，初期条件

$$x(0) = a, \quad y(0) = b, \quad z(0) = c \tag{6.2.20}$$

のもとで解きます．

6.3　初期値問題—2

前節で述べたオイラー法は単純明解な方法ですが，精度があまりよくない(あるいは誤差が大きい)という欠点があります．本節ではオイラー法の精度を上げる方法について考えます．

基本となる 1 階の微分方程式の初期値問題

$$\begin{aligned} &\frac{dx}{dt} = f(t, x) \\ &x(0) = a \end{aligned} \tag{6.3.1}$$

を考えます．この微分方程式を区間 $[t_n, t_n+h]$ で定積分すると，

$$\begin{aligned} 左辺 &= \int_{t_n}^{t_n+h} \frac{dx}{dt}dt = \int_{t_n}^{t_{n+1}} dx \\ &= [x(t)]_{t_n}^{t_{n+1}} = x(t_{n+1}) - x(t_n) = x_{n+1} - x_n \end{aligned} \tag{6.3.2}$$

となります．一方，右辺は

$$\int_{t_n}^{t_n+h} f(t, x)dt \tag{6.3.3}$$

となりますが，被積分関数 f は t の未知関数 $x(t)$ を含んでいるため，このま

までは式の形で積分できません．そこで，数値積分を利用してみます．区分求積法を参考にして，この積分区間で被積分関数を近似的に定数 $f(t_n, x_n)$ とみなせば

$$\int_{t_n}^{t_n+h} f(t,x)dt = f(t_n,x_n)\int_{t_n}^{t_n+h} dt = hf(t_n,x_n) \tag{6.3.4}$$

となります．この式と式(6.3.2)を等値すれば

$$x_{n+1} = x_n + hf(t_n, x_n) \tag{6.3.5}$$

となりますが，この式はオイラー法と同一のものです．

次に解法の精度を上げるために定積分を台形公式，すなわち

$$\int_{t_n}^{t_n+h} f(t,x)dt = \frac{h}{2}\{f(t_n,x_n) + f(t_{n+1},x_{n+1})\} \tag{6.3.6}$$

で近似し，この式と式(6.3.2)を等値すれば

$$x_{n+1} = x_n + \frac{h}{2}\{f(t_n,x_n) + f(t_{n+1},x_{n+1})\} \tag{6.3.7}$$

が得られます．実はこの公式には，右辺にも未知数 x_{n+1} が含まれていることに注意します．もちろん，この x_{n+1} に関する方程式はニュートン法などを用いれば解けなくはありませんが，一般に計算が面倒です．そこで以下のような計算をおこなってみます．まず，通常のオイラー法を用いて x_{n+1} を計算しますが，これを最終値とはせずに，とりあえず x^* と書くことにします．そしてこの x^* を式(6.3.7)の右辺の x_{n+1} のかわりに用いることにします．具体的に式で書けば

$$\begin{aligned} x^* &= x_n + hf(t_n,x_n) \\ x_{n+1} &= x_n + \frac{h}{2}\{f(t_n,x_n) + f(t_{n+1},x^*)\} \end{aligned} \tag{6.3.8}$$

となります．この方法では式(6.3.8)の第 1 式を解の予測に，第 2 式を解の修正を使っているとみなすことができます．このように解を求める場合に 2 段階を踏み，まず第 1 段階を解の予測に，第 2 段階を修正に使う方法を**予測子－修正子法**とよんでいます．式(6.3.8)は次のように書くこともできます：

Point

2 次ルンゲ・クッタ法

$$
\begin{aligned}
s_1 &= f(t_n, x_n) \\
s_2 &= f(t_n + h, x_n + hs_1) \\
x_{n+1} &= x_n + \frac{h}{2}(s_1 + s_2) \\
t_{n+1} &= t_n + h
\end{aligned}
\tag{6.3.9}
$$

このように書いた場合を 2 次の**ルンゲ・クッタ法**とよぶことがあります．なお，常微分方程式の初期値問題を解く場合に標準的に使われる方法は，2 次のルンゲ・クッタ法をさらに発展させた次式で与えられる 4 次のルンゲ・クッタ法です：

Point

4 次ルンゲ・クッタ法

$$
\begin{aligned}
s_1 &= f(t_n, x_n) \\
s_2 &= f(t_n + h/2, x_n + hs_1/2) \\
s_3 &= f(t_n + h/2, x_n + hs_2/2) \\
s_4 &= f(t_n + h, x_n + hs_3) \\
x_{n+1} &= x_n + \frac{h}{6}(s_1 + 2s_2 + 2s_3 + s_4) \\
t_{n+1} &= t_n + h
\end{aligned}
\tag{6.3.10}
$$

Example 6.3.1

前にあげたリッカチの方程式を 4 次のルンゲ・クッタ法を用いて解きなさい．

[Answer]

結果を厳密解とともに表 6.3.1 に示します．オイラー法に比べ精度が格段によくなっていることがわかります．

表 6.3.1　ルンゲ・クッタ法

lの値	近似解	厳密解
0.00000	0.50000000	0.50000000
0.10000	0.57502079	0.57502085
0.20000	0.65016598	0.65016598
0.30000	0.72555745	0.72555745
0.40000	0.87754065	0.80131233
0.50000	0.87754065	0.87754065
0.60000	0.95434368	0.95434374
0.70000	1.03181219	1.03181231
0.80000	1.11002553	1.11002553
0.90000	1.18905044	1.18905067
1.00000	1.26894140	1.26894152
1.10000	1.34973991	1.34974003
1.20000	1.43147528	1.43147540
1.30000	1.51416516	1.51416516
1.40000	1.59781623	1.59781611
1.50000	1.68242562	1.68242574
1.60000	1.76798177	1.76798177
1.70000	1.85446548	1.85446537
1.80000	1.94185126	1.94185138
1.90000	2.03010869	2.03010869
2.00000	2.11920309	2.11920333

6.4　境界値問題

2階以上の微分方程式に対して境界値問題という問題があります．例として

$$\frac{d^2x}{dt^2} + x = 0 \quad (0 < t < 1)$$

$$x(0) = 0, \quad x(1) = 1 \tag{6.4.1}$$

を考えます．これは方程式を考えている領域の両端で条件が与えられているという点で初期値問題と異なります．この問題を**差分法**とよばれる数値解法を用いて解いてみます．差分法で数値解を求める場合には，方程式が与えられた区間 [0, 1] において連続的に解が求まるわけではなく，区間内にとびとびに分布した点で解が求まることになります．これは初期値問題において解が h きざ

みで求まったことに対応します．もちろん，求まった離散点での解を何らかの補間法を用いてつなげば，初期値問題と同様に連続的な t に対する x を求めることができます．

いま，図 6.4.1 に示すように区間を等間隔に J 個の小区間に分割してみます．

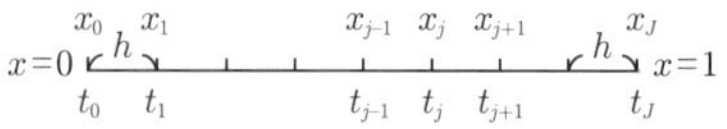

x_0 h x_1 x_{j-1} x_j x_{j+1} h x_J
$x=0$ $x=1$
t_0 t_1 t_{j-1} t_j t_{j+1} t_J

図 6.4.1　差分法

分割は必ずしも等間隔である必要はありませんが，等間隔にとった場合には式が簡単になるため等間隔にとることにします．この小区間のことを**差分格子**，またそれぞれの格子の端の点を**格子点**といいます．差分法では，各格子点における微分方程式の近似解を求めることになります．

さて，各格子点を区別するため，たとえば $t=0$ を 0 番目として順番に番号をつけて，$t=1$ は J 番目の格子点になったとします．そして，j 番目の格子点の t 座標を t_j，その点での微分方程式の近似値を x_j と表すことにします．すなわち

$$x_j \sim x(t_j) \tag{6.4.2}$$

とします．ただし，記号 $\sim$ は近似を表します．

次にオイラー法と同様に微分係数を数値微分で置き換えます．この例の方程式では 2 階微分なので h を差分格子の幅とすれば

$$\frac{d^2x}{dt^2} = \frac{x(t-h) - 2x(t) + x(t+h)}{h^2} \tag{6.4.3}$$

と近似できます．そこで，この式を j 番目の格子点 $t=t_j$ で考えれば

$$\begin{aligned} \left.\frac{d^2x}{dt^2}\right|_{t=t_j} &= \frac{x(t_j-h) - 2x(t_j) + x(t_j+h)}{h^2} \\ &\sim \frac{x_{j-1} - 2x_j + x_{j+1}}{h^2} \end{aligned} \tag{6.4.4}$$

となります．ただし

$$x(t_j-h) = x(t_{j-1}) \sim x_{j-1}, \quad x(t_j+h) = x(t_{j+1}) \sim x_{j+1} \tag{6.4.5}$$

を用いました．そこで，もとの微分方程式は

$$\frac{x_{j-1} - 2x_j + x_{j+1}}{h^2} + x_j = 0 \tag{6.4.6}$$

すなわち

$$x_{j-1} + (h^2 - 2)x_j + x_{j+1} = 0 \tag{6.4.7}$$

と近似できます．この方程式を**差分方程式**といいます．ここで，点 x_j は両端を除き，どの格子点でもよいので(6.4.7)は $j = 1,\ 2,\ \cdots,\ J-1$ の合計 $J-1$ あることに注意します．すなわち式(6.4.7)は連立1次方程式になっています．一方，未知数は，境界条件から $x_0 = 0$, $x_J = 1$ となるので，$x_1, \cdots, x_{J-1}$ の合計 $J-1$ になります．このように未知数と方程式の数が一致するため方程式(6.4.7)は解けて各格子点上の近似解が求まることになります．

Example 6.4.1

$J = 4$ として境界値問題を解きなさい．

[Answer]

この場合，$h = 0.25$ となります．そこで，連立方程式は

$$\begin{aligned} j = 1:&\quad 0 + (0.0625 - 2)x_1 + x_2 = 0 \\ j = 2:&\quad x_1 + (0.0625 - 2)x_2 + x_3 = 0 \\ j = 3:&\quad x_2 + (0.0625 - 2)x_3 + 1 = 0 \end{aligned} \tag{6.4.8}$$

となります．ただし $x_0 = 0$，$x_4 = 1$ を用いました．これから，有効数字4桁で解を求めれば

$$x_1 = 0.2943, \quad x_2 = 0.5702, \quad x_3 = 0.8104 \tag{6.4.9}$$

となります．一方，厳密解（$\sin x / \sin 1$）を用いれば，同じ有効桁で

$$\begin{aligned} x(0.25) &= \frac{\sin 0.25}{\sin 1} = 0.2940 \\ x(0.5) &= \frac{\sin 0.5}{\sin 1} = 0.5697 \\ x(0.75) &= \frac{\sin 0.75}{\sin 1} = 0.8101 \end{aligned} \tag{6.4.10}$$

となります．

上に述べた方法は，他の微分方程式の境界値問題にそのまま応用できます．なお，境界値問題は初期値問題とは異なり，解を得るためには一般に連立代数方程式を解く必要があります．

以上をまとめれば，差分法を用いて境界値問題を解くには以下の手順を踏めばよいことがわかります．

Point

境界値問題

1. 解くべき領域を差分格子に分割します．
2. 微分方程式の導関数を数値微分で置き換えて差分方程式をつくります．
3. 差分方程式(多くは連立１次方程式)を解いて近似解を求めます．

Problems　　Chapter 6

1. 次の微分方程式の区間を 4 等分に分けてオイラー法で解きなさい.

(a) $\dfrac{dy}{dx} = 2 - 3y\,,\quad y(0) = 0 \quad (0 \leq x \leq 1)$

(b) $\dfrac{dy}{dx} = \dfrac{y}{1+x}\,,\quad y(0) = 1 \quad (0 \leq x \leq 1)$

2. 1. を 2 次のルンゲ・クッタ法を用いて解きなさい.

3. $\dfrac{d^2y}{dx^2} + y = 0\,,\quad y(0) = 2,\quad y'(0) = 0$ について以下の問に答えなさい.

(a) $dy/dx = z$ とおいて連立 2 元の微分方程式に変形しなさい.

(b) 刻み幅を h にとって (a) をオイラー法で解くときの漸化式を求めなさい.

(c) 上の漸化式を解いて y_n, z_n を求めなさい.

Chapter 7

偏微分方程式

前章で取り上げた微分方程式は，求めるべき関数が1つの独立変数(時間など)の関数の場合でした．しかし，空間的に広がりをもつ現象を記述する場合には独立変数が2つ以上になることがふつうです．数学では2変数以上の関数に対する微分方程式を偏微分方程式とよんでいます．偏微分方程式を解くことは科学技術上で非常に重要ですが，解析的に解ける場合は例外的で，ほとんどの場合，数値的に解かざるを得ません．しかし，逆に言えば，数値計算がもっとも活躍する場でもあります．

7.1 ラプラス方程式の解法

本節では，以下の式(7.1.1)で示される**ラプラス方程式**とよばれる偏微分方程式を例にとって差分法による偏微分方程式の近似解法を紹介します．図7.1.1に示すような1辺の長さが1の正方形領域内でラプラス方程式

$$\frac{\partial^2 u}{\partial x^2} + \frac{\partial^2 u}{\partial y^2} = 0 \quad (0 < x < 1, 0 < y < 1) \tag{7.1.1}$$

を考えます．境界条件としては辺AB上で $u = a$，BC上で $u = b$，辺CD上で $u = c$，辺DA上で $u = d$，すなわち

$$\begin{aligned} &u(x,\,0) = b,\ u(x,\,1) = d,\ (0 \le x \le 1) \\ &u(0,\,y) = a,\ u(1,\,y) = c,\ (0 \le y \le 1) \end{aligned} \tag{7.1.2}$$

とします．

この問題の物理的な意味はつぎのとおりです．1辺の長さが1の正方形の熱をよく通すうすい板を考えます．熱は板の内部に伝わるだけで板に垂直な方向(外部空間)には伝わらないとします．また**熱伝導率**は板のどこでも一定であるとします．この板の左の辺の温度 a，下の辺の温度を b，右の辺の温度を c，上の辺の温度を d に保ったとします．板の内部の温度分布は初期の温度分布

によって異なりますが，十分に時間が経過した後では温度分布は時間変化しなくなります．そのときの温度分布を求めることになります．

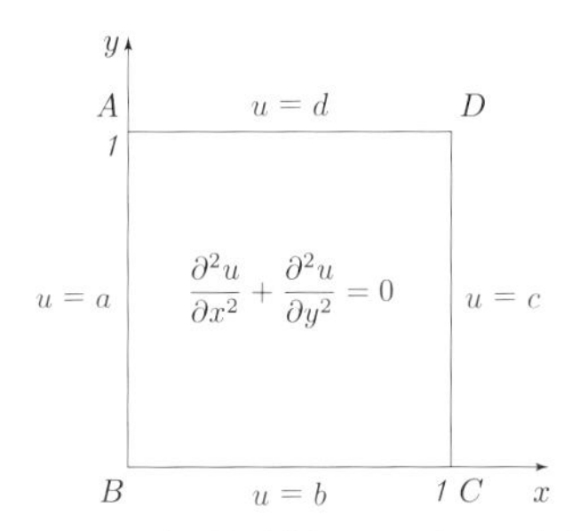

図 7.1.1　正方形領域内のラプラス方程式

それでは，上の問題(前章の微分方程式と同様，境界における条件のもとで解くため**境界値問題**とよばれます)を差分法とよばれる方法で解いてみます．差分法では方程式が与えられた領域を**差分格子**とよばれる 4 辺形をした小さな格子に分割します．今の場合は領域が正方形なので格子に分割するのは簡単です．たとえば，図 7.1.2 に示すように x 方向に M 等分，y 方向に N 等分すれば，それぞれが合同な $M \times N$ 個の長方形の格子ができます．ここでは，話を少し一般的にするために M と N は必ずしも等しくとらなくてもよいようにしていますが，もちろん $M = N$ とすれば正方形の格子になります．図 7.1.2 には $M = N = 10$ にとった場合の正方形格子(100 個)を示しています．ここで縦と横に引いた線を**格子線**，格子線の交点すなわち各格子の頂点のことを**格子点**とよびます．差分法では，この離散的な有限個の格子点上で偏微分方程式の近似解を求めます．もし格子点以外の点で方程式の近似解が必要であれば，隣接した格子点からなんらかの補間法を用いてその値を計算します．

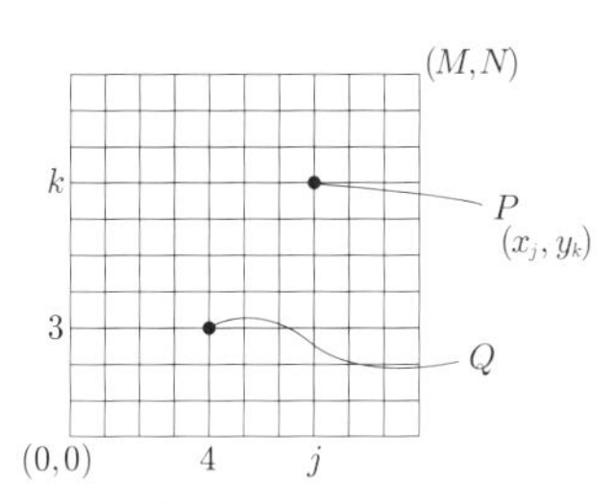

図 7.1.2　ラプラス方程式に対する差分格子

差分法では，各格子点を区別するために格子点番号を用います．2 次元問題では 2 次元の番号づけを行うのが便利で, たとえば図 7.1.2 において原点(左下隅)の格子点番号を(0, 0)として順番に番号をつけます．このとき，図 7.1.2 の Q 点は 0 番目からはじめて x 方向に 4 番目，y 方向に 3 番目の格子なので，その格子点番号は(4, 3)になります. 実際の座標は, x 方向の格子間隔を $\Delta x = 1/M$, y 方向の格子間隔を $\Delta y = 1/N$ とすれば，$(4\Delta x, 3\Delta y)$となります．もちろん，図 7.1.2 では $\Delta x = \Delta y = 0.1$ です．図 7.1.2 の領域内の点 P の格子点番号が(j, k)であるとして，その実際の座標を(x_j, y_k)とすれば

$$x_j = j\Delta x, \quad y_k = k\Delta y \tag{7.1.3}$$

です.

差分法では記法を簡単にするため，格子番号が(j, k)の格子点での未知関数 $u(x, y)$の差分近似値を 2 つの添え字をもった変数 $u_{j,k}$ で表します．すなわち

$$u_{j,k} \sim u(x_j, y_k) \tag{7.1.4}$$

です．ここで記号～は差分近似値を表します．この記法を用いれば，点 P の左右の隣接格子点での u の近似値は $u_{j-1,k}$, $u_{j+1,k}$ となり，上下の隣接格子点での u の近似値は $u_{j,k+1}$, $u_{j,k-1}$ となります．慣れないうちは，差分法といえば添え字がたくさん出てきてうんざりすることもありますが，慣れてしまえばたいへん便利な記法です.

上の約束のもとで境界条件は

$$u_{j,0} = b, \quad u_{j,N} = d \quad (j = 0, 1, \cdots, M)$$

$$u_{0,k} = a, \quad u_{M,k} = c \quad (k = 0, 1, \cdots, N) \tag{7.1.5}$$

と書けます．そこでもとの問題を解くにはこの条件およびもとの偏微分方程式を用いて領域内の$(M-1)\times(N-1)$個の格子点での u の近似値 $u_{j,k}$(ただし, $j = 1, 2, \cdots, M-1$, $k = 1, 2, \cdots, N-1$)を求めることになります.

差分法では偏微分方程式を差分方程式に書き換えます．この手続きは機械的にできます．具体的には 2 階微分のひとつの近似として(式(5.1.8)で $h = \Delta x$ とおいて)

$$\frac{\partial^2 u}{\partial x^2} \sim \frac{u(x-\Delta x, y) - 2u(x, y) + u(x+\Delta x, y)}{(\Delta x)^2} \tag{7.1.6}$$

があるため, この式を利用します（x に関する偏微分では y を一定に保ちます）.

同様に，y に関する微分は

$$\frac{\partial^2 u}{\partial y^2} \sim \frac{u(x, y - \Delta y) - 2u(x, y) + u(x, y + \Delta y)}{(\Delta y)^2} \tag{7.1.7}$$

で近似できます（y に関する偏微分では x を一定に保ちます）．なお 2 階微分を式(7.1.6)，(7.1.7)で近似する方法を**中心差分**近似とよんでいますが，差分近似はこの方法に限ったものではありません.

式(7.1.6)，(7.1.7)の$(x,\ y)$に$(j,\ k)$番目の格子点の座標$(x_j,\ y_k)$を代入すれば，$x_j \pm \Delta x = x_{j\pm1}$，$y_k \pm \Delta y = y_{k\pm1}$ であることに注意して

$$\left(\frac{\partial^2 u}{\partial x^2}\right)_{j,k} \sim \frac{u_{j-1,k} - 2u_{j,k} + u_{j+1,k}}{(\Delta x)^2} \tag{7.1.8}$$

$$\left(\frac{\partial^2 u}{\partial y^2}\right)_{j,k} \sim \frac{u_{j,k-1} - 2u_{j,k} + u_{j,k+1}}{(\Delta y)^2} \tag{7.1.9}$$

となります．したがって，もとの偏微分方程式は(j, k)番目の格子点 P において

$$\frac{u_{j-1,k} - 2u_{j,k} + u_{j+1,k}}{(\Delta x)^2} + \frac{u_{j,k-1} - 2u_{j,k} + u_{j,k+1}}{(\Delta y)^2} = 0 \tag{7.1.10}$$

と近似されることがわかります．点 P は領域内のどこの格子点でもよいため，式(7.1.10)は$(M-1)\times(N-1)$個の方程式を表しています．未知数 $u_{j,k}$ の数もやはり領域内の格子点数だけあるため, 式(7.1.10)は連立$(M-1)\times(N-1)$元 1 次方程式で，それを解くことにより近似解が求まります.

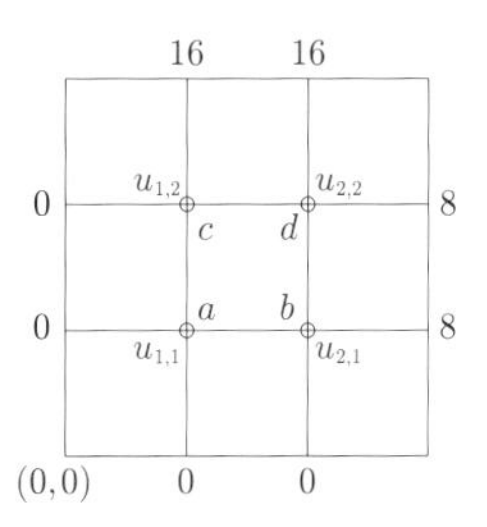

図 7.1.3　3 × 3 の格子

Example 7.1.1

$a=0$,　$b=0$,　$c=8$,　$d=16$ で領域を 3 等分($M=N=3$)した場合について(図 7.1.3)，図の P,　Q,　R,　S の u の近似値を求めなさい．

[Answer]

式(7.1.10)を図の各点で書けば

$$\text{点}\,P:\frac{u_{0,1}-2u_{1,1}+u_{2,1}}{(\Delta x)^2}+\frac{u_{1,0}-2u_{1,1}+u_{1,2}}{(\Delta y)^2}=0$$

$$\text{点}\,Q:\frac{u_{1,1}-2u_{2,1}+u_{3,1}}{(\Delta x)^2}+\frac{u_{2,0}-2u_{2,1}+u_{2,2}}{(\Delta y)^2}=0$$

$$\text{点}\,R:\frac{u_{0,2}-2u_{1,2}+u_{2,2}}{(\Delta x)^2}+\frac{u_{1,1}-2u_{1,2}+u_{1,3}}{(\Delta y)^2}=0$$

$$\text{点}\,S:\frac{u_{1,2}-2u_{2,2}+u_{3,2}}{(\Delta x)^2}+\frac{u_{2,1}-2u_{2,2}+u_{2,3}}{(\Delta y)^2}=0$$

となります．ここで $\Delta x=\Delta y=1/3$ および境界条件

$$u_{1,0}=u_{2,0}=0,\quad u_{1,3}=u_{2,3}=16$$

$$u_{0,1}=u_{0,2}=0,\quad u_{3,1}=u_{3,2}=8$$

を上式に代入すれば

$$\text{点}\,P:\quad 0-2u_{1,1}+u_{2,1}+0-2u_{1,1}+u_{1,2}=0$$

$$\text{点}\,Q:\quad u_{1,1}-2u_{2,1}+8+0-2u_{2,1}+\mathrm{u}_{2,2}=0$$

$$\text{点}\,R:\quad 0-2u_{1,2}+u_{2,2}+u_{1,1}-2u_{1,2}+16=0$$

$$\text{点}\,S:\quad u_{1,2}-2u_{2,2}+8+u_{2,1}-2u_{2,2}+16=0$$

という連立 4 元 1 次方程式になります．そこで，この方程式を解けば，

$$u_{1,1}=3,\quad u_{2,1}=5,\quad u_{1,2}=7,\quad u_{2,2}=9$$

という近似解が得られます．

格子を 10 等分しても考え方は同じで，その結果，連立 81 元 1 次方程式が得られるため，それを解きます．

以上の手続きをまとめれば，差分法を用いて偏微分方程式を解くためには，前章の微分方程式と同様，次の 3 段階の手続きを踏みます．

Point

境界値問題（偏微分方程式）

1. 解くべき領域を格子に分割します.
2. 偏微分方程式を格子点上で成り立つ差分方程式で近似します.
3. 差分方程式を解いて近似解を求めます.

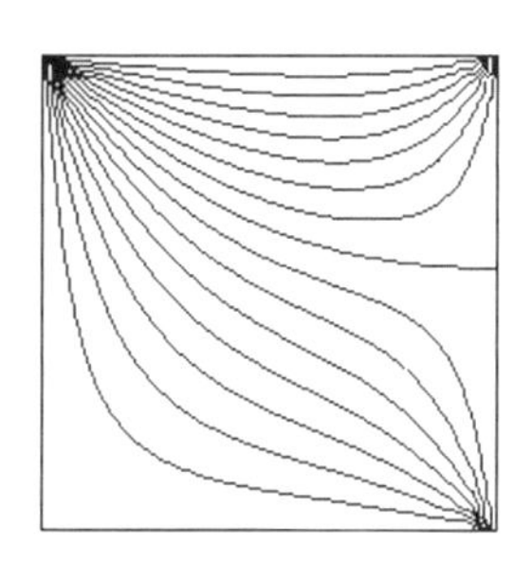

図 7.1.4　ラプラス方程式の解(u の等値線)

図 7.1.4 には 21 × 21 の格子点(400 元の連立 1 次方程式)を用いてはじめの問題を解いた結果を示します．図には 1 度きざみの等温線を表示しています.

7.2　拡散方程式の解法

ラプラス方程式は時間を含まない偏微分方程式でした．本節では時間に関して 1 階の微分を含む方程式の取り扱いを示します．物理法則では時間変化率を含んだ方程式もしばしば現れるため，このような方程式も非常に重要です.

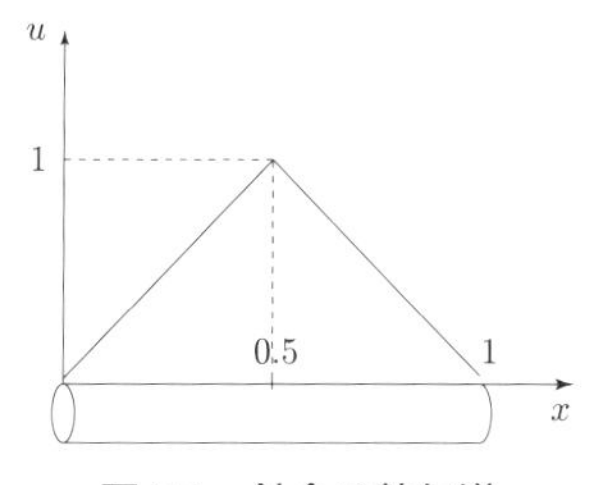

図 7.1　針金の熱伝導

有限な長さの針金内の温度分布を求める問題を考えます．針金の長さを 1 として，針金の左端が 0，右端が 1 となるような座標系を考え，針金の両端で温度を0に保ったとします．さらに,時間が0で針金の中央において温度が1で，両端に向かって直線的に温度が下がるような温度分布(図7.2.1)を与えたとします．その後，時間とともに針金内の温度分布がどのように変化していくのかを求めます．uはxとtの関数$u(x,t)$ですが，上で述べた条件は

$$u(0,t)=u(1,t)=0 \quad (t>0)$$

$$u(x,0)=2x \ \ (0\leq x\leq 0.5), \quad u(x,0)=1-2x \ \ (0.5\leq x\leq 1)$$

と書けます．一方，針金内の温度は偏微分方程式

$$\frac{\partial u}{\partial t}=k\frac{\partial^2 u}{\partial x^2} \quad (0<x<1, t>0) \tag{7.2.1}$$

によって支配されることが知られています．ここでkは熱の伝わりやすさを表す正の定数で熱伝導率とよばれます．したがって，この偏微分方程式を上で述べた初期条件・境界条件のもとで解くことになります．

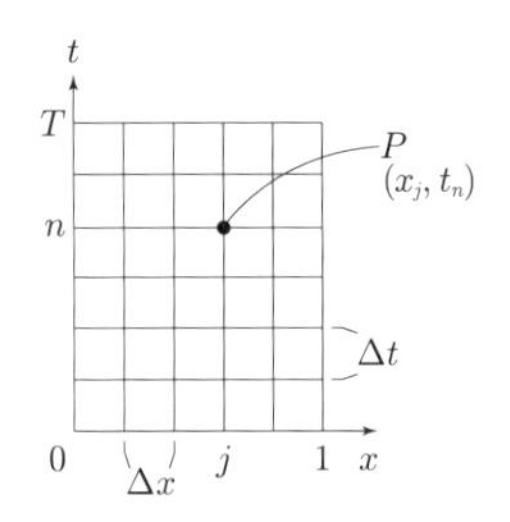

図7.2.2　1次元拡散方程式に対する格子

それでは差分法を用いてこの問題を解いてみます．この場合にも基本的には前節の終わりで述べた3つの手順を踏みます．はじめに解くべき領域を格子に分割します．ラプラス方程式におけるyをtと考え，時間については$0\leq t\leq T$まで解くことにすれば領域は横が1，縦がTの長方形領域になります．そこでこの領域をx方向にM等分，t方向にN等分すれば図7.2.2に示すような差分格子ができます．このとき，両方向の格子幅は$\Delta x=1/M$，$\Delta t=T/N$となります．原点の格子番号を(0, 0)としたとき，図の点Pでの格子番号が(j, n)となったとします．点Pでの温度の近似値を，時間に関する添え字は上添え字にするという慣例にしたがいu_j^nと記すことにします．すなわち，

$$u_j^n \sim u(j\Delta x, n\Delta t) \tag{7.2.2}$$

とします．この記法を用いれば，境界条件と初期条件は

$$u_0^n = u_M^n = 0 \quad (0 \leq n \leq N)$$

$$u_j^0 = 2j\Delta x \ \ (0 \leq j\Delta x \leq 0.5), \quad u_j^0 = 1 - 2j\Delta x \ \ (0.5 \leq j\Delta x \leq 1) \tag{7.2.3}$$

となります．

つぎに熱伝導方程式を差分近似してみます．x に関する 2 階微分を式(7.1.8)と同様に近似することにすれば

$$\left(\frac{\partial^2 u}{\partial x^2}\right)_j^n \sim \frac{u_{j-1}^n - u_j^n + u_{j+1}^n}{(\Delta x)^2} \tag{7.2.4}$$

となります．t に関する微分は，微分の定義

$$\frac{\partial u}{\partial t} = \lim_{\Delta t \to 0} \frac{u(x, t + \Delta t) - u(x, t)}{\Delta t}$$

を用いて

$$\frac{\partial u}{\partial t} \sim \frac{u(x, t + \Delta t) - u(x, t)}{\Delta t}$$

と近似します．この近似を**前進差分**近似といいます．この式の x と t に，$(j,\, n)$ 番目の格子点での x_j，t_n を代入して，$t_n + \Delta t = t_{n+1}$ に注意すれば

$$\left(\frac{\partial u}{\partial t}\right)_j^n \sim \frac{u_j^{n+1} - u_j^n}{\Delta t} \tag{7.2.5}$$

となります．式(7.2.4)，(7.2.5)から

$$\frac{u_j^{n+1} - u_j^n}{\Delta t} = k\frac{u_{j-1}^n - u_j^n + u_{j+1}^n}{(\Delta x)^2}$$

あるいは式を整理して

$$u_j^{n+1} = ru_{j-1}^n + (1 - 2r)u_j^n + u_{j+1}^n \quad \left(\text{ただし，} r = \frac{k\Delta t}{(\Delta x)^2}\right) \tag{7.2.6}$$

が成り立ちます．式(7.2.6)が 1 次元熱伝導方程式の差分近似式です．

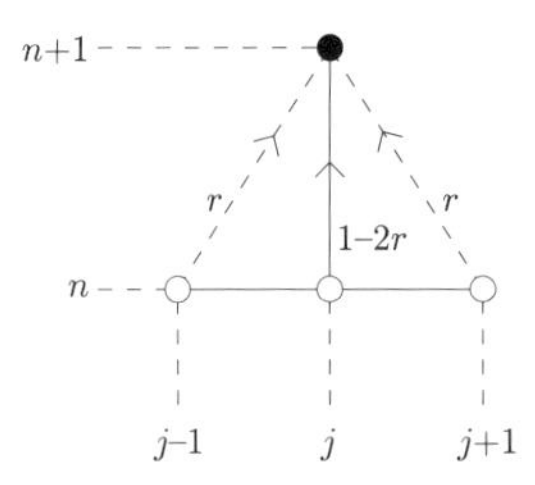

図 7.2.3　式(7.2.6)の構造

ラプラス方程式では，差分方程式は連立 1 次方程式になりましたが，1 次元熱伝導方程式から上に述べた方法で作った差分方程式は，連立方程式というより漸化式の形をしており，代入計算だけで次々に解が求まります．このことを示すために，式(7.2.6)の構造を図 7.2.3 に示します．この図から，時間ステップ $n+1$ での u の値が，時間ステップ n での隣接 3 点から決まることがわかります．一方, 初期条件から u_j^0 の値はすべて与えられています．そこで図 7.2.4 に示すようにして，u_j^1 の値が，両端の格子点を除いてすべて決まります．一方，両端では境界条件によって u の値が与えられているため，値を決める必要はありません．したがって，u_j^1 の値がすべての格子点で決まります．次に，この値および境界条件を用いると，上と全く同様にして u_j^2 の値がすべて決まります．以下，この手続きは何回でも続けることができるため，任意のステップ n での値が決ります．

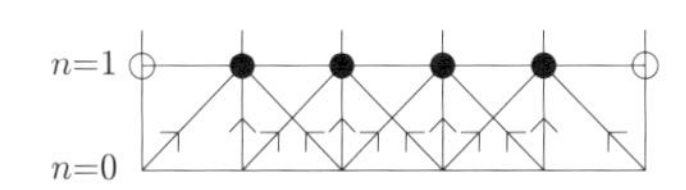

図 7.2.4　拡散方程式の解の決まり方

Example 7.2.1

式(7.2.6)を $k=1$，$\Delta t=0.002$，$\Delta x=0.1$ として計算しなさい．

[Answer]

このとき $r=0.2$ となり，図 7.2.5 に計算結果を線で結んだものを示します．初期に与えられた温度が両端から冷えるため，徐々に山の高さが低くなっていく様子が見てとれます．なお，最終的には熱がすべて両端から外に伝わって針金全体で温度が 0 になります．

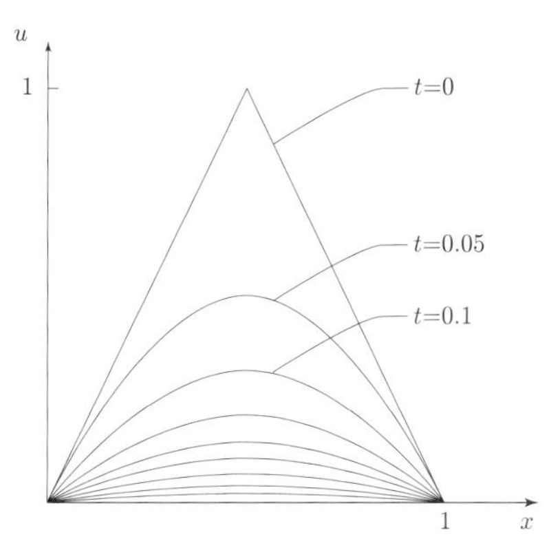

図 7.2.5　1 次元拡散方程式の解の例

このように熱伝導方程式では，連立方程式を解くことなく，近似解が Δt 刻みに次々に計算できます．ここで述べた方法は**オイラー陽解法**とよばれ，時間の 1 階微分を含んだ方程式の解法にしばしば適用されます．なお，オイラー陽解法では，式(7.2.6)に含まれるパラメータ r を 1/2 以下にとらないと，解が発散して意味のある解が得られないことが知られています．

Problems　Chapter 7

1. 2次元ポアソン方程式の境界値問題

$$\frac{\partial^2 u}{\partial x^2}+\frac{\partial^2 u}{\partial y^2}=6x-3y \quad (0<x<1,\, 0<y<1)$$

$$u(x,\,0)=0,\quad u(x,\,0)=\,3x-\frac{3}{2}x^2 \quad (0<x<1)$$

$$u(0,\,y)=0,\quad u(1,\,y)=\,3y^2-\frac{3}{2}y \quad (0<y<1)$$

を，領域を 3×3 の格子に分割して，差分法を用いて解き，$u(1/3,\,1/3)$，$u(1/3,\,2/3)$，$u(2/3,\,1/3)$，$u(2/3,\,2/3)$の近似値を求めなさい．

2. 1次元熱伝導方程式の初期値・境界値問題

$$\frac{\partial u}{\partial t}=\frac{\partial^2 u}{\partial x^2} \quad (0<x<1,\, t>0)$$

$$u(x,\,0)=1\,;\,u(0,\,t)=u(1,\,t)=0$$

を区間を10等分して，$\Delta t\,=0.002$ として $t=0.02$ まで解きなさい．

Appendix A

A.1 テイラー展開とニュートン法

2.1 節で述べた

$$f(x) = 0 \tag{A.1}$$

の根を求めるニュートン法を別の見方で見てみます．関数 $f(x)$ を近似解 x_n のまわりにテイラー展開すれば，

$$f(x) = f(x_n) + f'(x_n)(x - x_n) + \frac{1}{2}f''(x_n)(x - x_n)^2 + \cdots \tag{A.2}$$

となります．そこで，式(A.1)の根を求めるかわりに，式(A.2)の左辺を 0 とした方程式の根を求めることを考えます．しかし，この方程式は無限次数の多項式となり解くことはできません．一方，x_n は近似解であるため，$x - x_n$ は小さく，$(x - x_n)^2$，$\cdots$ はさらに小さいと考えられます．そこで右辺の第 3 項以下を 0 とした方程式

$$0 = f(x_n) + f'(x_n)(x - x_n) \tag{A.3}$$

の解を求めてみます．この方程式の解は式(A.1)の真の解に十分に近いと考えられます．そこで式(A.3)を x について解いて，それを新たな近似解という意味で x_{n+1} と記すことにします．このとき，式(A.3)から

$$x_{n+1} = x_n - \frac{f(x_n)}{f'(x_n)} \tag{A.4}$$

が得られます．式(A.4)は 2.1 節で求めたニュートン法の公式と同じです．

ここで述べたテイラー展開を用いればニュートン法が収束の速い方法であることもわかります．式(A.1)の真の解を α とすれば，$f(\alpha) = 0$ です．したがって，$n + 1$ 回での誤差は

$$x_{n+1} - \alpha = x_n - \frac{f(x_n)}{f'(x_n)} - \alpha = x_n - \alpha + \frac{f(\alpha) - f(x_n)}{f'(x_n)} \tag{A.5}$$

と書くことができます．一方，式(A.2)の x に α を代入すれば

$$f(\alpha) = f(x_n) + f'(x_n)(\alpha - x_n) + \frac{1}{2}f''(x_n)(\alpha - x_n)^2 + \cdots$$

となるため，これを式(A.5)の $f(\alpha)$ に代入して

$$x_{n+1}-\alpha=\frac{1}{2}(\alpha-x_n)^2\frac{f''(x_n)}{f'(x_n)}+O((\alpha-x_n)^3)$$

が得られます．この式から

$$\frac{x_{n+1}-\alpha}{(x_n-\alpha)^2}=\frac{1}{2}\frac{f''(x_n)}{f'(x_n)}\to\frac{1}{2}\frac{f''(\alpha)}{f'(\alpha)}=\text{一定値} \tag{A.6}$$

となることがわかりますが，これは反復のある時点での誤差の２乗と１回あとの反復値の誤差の比がほぼ一定値であること，いいかえれば反復が１回すすむごとに２乗の割合で誤差が少なくなること（２次の収束）を意味しています．

ニュートン法は未知数が２つ以上の連立方程式にも適用できます．例として次の２元の連立方程式

$$\begin{aligned}f(x,y)&=0\\g(x,y)&=0\end{aligned} \tag{A.7}$$

を考えてみます．１変数の場合にテイラー展開を利用したように２変数の場合も２変数のテイラー展開

$$\begin{aligned}&f(x,y)=f(x_n,y_n)+(x-x_n)f_x(x_n,y_n)+(y-y_n)f_y(x_n,y_n)\\&+\frac{1}{2}(x-x_n)^2f_{xx}(x_n,y_n)+(x-x_n)(y-y_n)f_{xy}(x_n,y_n)+\frac{1}{2}(y-y_n)^2f_{yy}(x_n,y_n)+\cdots\\&g(x,y)=g(x_n,y_n)+(x-x_n)g_x(x_n,y_n)+(y-y_n)g_y(x_n,y_n)\\&+\frac{1}{2}(x-x_n)^2g_{xx}(x_n,y_n)+(x-x_n)(y-y_n)g_{xy}(x_n,y_n)\\&+\frac{1}{2}(y-y_n)^2g_{yy}(x_n,y_n)+\cdots\end{aligned} \tag{A.8}$$

を利用します．ここで

$$f_x=\frac{\partial f}{\partial x},\ ,f_{xx}=\frac{\partial^2 f}{\partial x^2},\ f_{xy}=\frac{\partial^2 f}{\partial x\partial y},\cdots$$

などです．式(A.8)において x,y を連立方程式の厳密解，x_n，y_n を近似解とした場合，$x-x_n$ や $y-y_n$ の２次以上の項は十分に小さいと考えられます．そこで，それらの項を無視した上で左辺を０とした方程式

$$0 = f(x_n, y_n) + (x - x_n) f_x(x_n, y_n) + (y - y_n) f_y(x_n, y_n)$$

$$0 = g(x_n, y_n) + (x - x_n) g_x(x_n, y_n) + (y - y_n) g_y(x_n, y_n)$$

を考えると，解は x_n, y_n より近似がよくなっていると考えられます．そこでその解を x_{n+1}, y_{n+1} とおき，さらに

$$\Delta x = x_{n+1} - x_n, \quad \Delta y = y_{n+1} - y_n \tag{A.9}$$

とおけば上の連立方程式は $\Delta x, \Delta y$ に関する連立 1 次方程式

$$\begin{aligned} f_x(x_n, y_n)\Delta x + f_y(x_n, y_n)\Delta y &= -f(x_n, y_n) \\ g_x(x_n, y_n)\Delta x + g_y(x_n, y_n)\Delta y &= -g(x_n, y_n) \end{aligned} \tag{A.10}$$

になります．

これを解いて $\Delta x, \Delta y$ が求まれば式(A.9)から次の近似値 x_{n+1}, y_{n+1} を求めることができます．

まとめれば連立方程式(A.7)は次のアルゴリズムにより解くことができます．

（1）出発値 x_0, y_0 を決め，$n = 0$ とします．

（2）連立 1 次方程式(A.10)を解いて $\Delta x, \Delta y$ を求めます．

（3）$x_{n+1} = x_n + \Delta x, y_{n+1} = y_n + \Delta y$ を計算して（2）に戻ります．

収束の判定は相対誤差を計算したり，実際に近似解をもとの方程式(A.7)に代入して十分に 0 に近いかどうかで調べることができます．

なお，本節で述べた方法は 3 元以上の連立非線形方程式にも容易に拡張できます．

A.2 トーマス法

応用上，比較的よく現れる連立 1 次方程式に 3 項方程式とよばれる次の形の方程式があります：

$$\begin{aligned} b_1 x_1 + c_1 x_2 \qquad\qquad\qquad &= d_1 \\ a_2 x_1 + b_2 x_2 + c_2 x_3 \qquad\qquad &= d_2 \\ a_3 x_2 + b_3 x_3 + c_3 x_4 \qquad &= d_3 \\ \cdots \\ a_{n-1} x_{n-2} + b_{n-1} x_{n-1} + c_{n-1} x_n &= d_{n-1} \\ a_n x_{n-1} + b_n x_n &= d_n \end{aligned}$$

この方程式に 3.1 節で述べたガウスの消去法を適用すれば以下のようになります．まず第 1 番目の式から

$$x_1 = (d_1 - c_1 x_2)/b_1 = (s_1 - c_1 x_2)/g_1$$

が得られます．ただし，

$$g_1 = b_1, \quad s_1 = d_1$$

とおいています．これを 2 番目の式に代入したあと x_2 について解くと

$$x_2 = (s_2 - c_2 x_3)/g_2$$

となります．ここで

$$g_2 = b_2 - a_2 c_1/g_1, \quad s_2 = d_2 - a_2 s_1/g_1$$

です．さらにこの式を 3 番目の式に代入して x_3 について解くと

$$x_3 = (s_3 - c_3 x_4)/g_3$$

$$g_3 = b_3 - a_3 c_2/g_2, \quad s_3 = d_3 - a_3 s_2/g_2$$

となります．以上のことから類推できるように，この手続きを繰り返して i 番目の式を x_i について解くと

$$x_i = (s_i - c_i x_{i+1})/g_i \tag{A.11}$$

$$g_i = b_i - a_i c_{i-1}/g_{i-1}, \quad s_i = d_i - a_i s_{i-1}/g_{i-1} \tag{A.12}$$

となります．この式は $i = 2, \cdots, n$ について成り立ちます．ただし，$i = n$ のときは c_n がないため，式(A.11)は

$$x_n = s_n/g_n$$

となり，すでに x_n が求まっています．このとき式(A.11)において $i = n - 1$ とおくことにより，x_n から x_{n-1} が求まります．同様に式(A.11)を繰り返し用いることにより，x_n, x_{n-1}, x_{n-2}, $\cdots$, x_1 の順に解を求めることができます（ガウスの消去法における後退代入）．

以上をまとめれば 3 項方程式は次のアルゴリズム（トーマス法）を用いて解くことができます：

1．$g_1 = b_1$, $s_1 = d_1$ とおきます．
2．$i = 2, 3, \cdots, n$ の順に g_i, s_i を式(A.12)から求めておきます．

3．このとき $x_n = \mathrm{s}_n / g_n$.

4．次に，$i = n-1, n-2, \cdots, 1$ の順に式(B.2)から x_i を求めます．

A.3　最大固有値

行列の固有値とは $n \times n$ の行列 A と n 次元ベクトル $\boldsymbol{x}$ に対して

$$A\boldsymbol{x} = \lambda\boldsymbol{x}$$

を満足する数値 λ のことです．また，この式を満足するベクトル $\boldsymbol{x}$ を固有値に対応する固有ベクトルとよびます．一般に大きな行列の固有値をすべて求めることは演算量が膨大になり，非常に難しいのですが，固有値のなかで絶対値が最大のものは固有値のなかでも重要な意味をもつため，それだけを求める必要がある場合も多くあります．そこでこの絶対値最大固有値を求める方法を紹介します．

$n \times n$ 行列 A の n 個の固有値がすべて異なるものし，それらを $\lambda_1, \lambda_2, \cdots, \lambda_n$ とし，対応する固有ベクトルを $\boldsymbol{x}_1, \boldsymbol{x}_2, \cdots, \boldsymbol{x}_n$ とします．一般に任意の n 次元ベクトル $\boldsymbol{y}$ はこの固有ベクトルの線形結合

$$\boldsymbol{y} = c_1\boldsymbol{x}_1 + c_2\boldsymbol{x}_2 + \cdots + c_n\boldsymbol{x}_n \tag{A.13}$$

で表されることが知られています．式(A.13)の両辺に左から行列 A をかけると，λ_j に対する固有ベクトルが $\boldsymbol{x}_j$ であること，すなわち $A\boldsymbol{x}_j = \lambda_j \boldsymbol{x}_j$ が成り立つことを用いて

$$A\boldsymbol{y} = c_1A\boldsymbol{x}_1 + c_2A\boldsymbol{x}_2 + \cdots + c_nA\boldsymbol{x}_n = c_1\lambda_1\boldsymbol{x}_1 + c_2\lambda_2\boldsymbol{x}_2 + \cdots + c_n\lambda_n\boldsymbol{x}_n$$

となります．さらに A をかければ

$$\begin{aligned} A^2\boldsymbol{y} &= A(c_1\lambda_1\boldsymbol{x}_1 + c_2\lambda_2\boldsymbol{x}_2 + \cdots + c_n\lambda_n\boldsymbol{x}_n) \\ &= c_1\lambda_1^2\boldsymbol{x}_1 + c_2\lambda_2^2\boldsymbol{x}_2 + \cdots + c_n\lambda_n^2\boldsymbol{x}_n \end{aligned}$$

となり，同様にして A を k 回かけると

$$A^k\boldsymbol{y} = c_1\lambda_1^k\boldsymbol{x}_1 + c_2\lambda_2^k\boldsymbol{x}_2 + \cdots + c_n\lambda_n^k\boldsymbol{x}_n$$

となります．いま，絶対値最大の固有値を λ_j とすれば，上式は

$$A^k \boldsymbol{y} = \lambda_j^k \left\{ c_1 \left(\frac{\lambda_1}{\lambda_j}\right)^k \boldsymbol{x}_1 + \cdots + c_{j-1} \left(\frac{\lambda_{j-1}}{\lambda_j}\right)^k \boldsymbol{x}_{j-1} + c_j \boldsymbol{x}_j \right.$$
$$\left. + c_{j+1} \left(\frac{\lambda_{j+1}}{\lambda_j}\right)^k \boldsymbol{x}_{j+1} + \cdots + c_n \left(\frac{\lambda_n}{\lambda_j}\right)^k \boldsymbol{x}_n \right\}$$

となります．λ_j が絶対値最大であるため，この操作を何回も続けていくと $\boldsymbol{x}_j$ の項以外の係数は 0 に近づきます．すなわち

$$A^k \boldsymbol{y} \sim c_j \lambda_j^k \boldsymbol{x}_j$$

$$A^{k+1} \boldsymbol{y} \sim c_j \lambda_j^{k+1} \boldsymbol{x}_j$$

が成り立ちます．このことは $A^k\boldsymbol{y}$ と $A^{k+1}\boldsymbol{y}$ を比べて，同じ行にある要素の比が固有値 λ_j に近づくことを意味しています．

この原理を用いれば $\boldsymbol{y}$ として適当な初期ベクトル $\boldsymbol{x}^{(0)}$を与えて，順に

$$\boldsymbol{x}^{(1)} = A\boldsymbol{x}^{(0)}, \boldsymbol{x}^{(2)} = A\boldsymbol{x}^{(1)}, \cdots, \boldsymbol{x}^{(k+1)} = A\boldsymbol{x}^{(k)} \tag{A.14}$$

を計算します．ϵ として十分に小さい正数をとって

$$\frac{|\boldsymbol{x}^{(k+1)} - \boldsymbol{x}^{(k)}|}{|\boldsymbol{x}^{(k)}|} < \epsilon \tag{A.15}$$

となるまで計算を続ければ，$\boldsymbol{x}^{k+1}$ と $\boldsymbol{x}^k$ の同じ行の要素の比が求める最大固有値となります．ここで述べた方法をベキ乗法とよびます．

<べき乗法のアルゴリズム>

1．$A, \boldsymbol{x}^{(0)}$を入力します．

2．$k = 1, 2, \cdots$ に対して次の反復計算を行います．

　(1) $\boldsymbol{y}^{(k)} = A\boldsymbol{x}^{(k)}$

　(2) $\boldsymbol{y}^{(k)}$ の絶対値最大成分を λ_m として

$$\boldsymbol{x}^{(k+1)} = \boldsymbol{y}^{(k)}/\lambda_m \quad (\boldsymbol{x}^{(k)} \text{の絶対値を 1 程度にするため})$$

3．収束すれば反復を終了します．

A.4　スプライン補間法

4.1 節でも述べましたが，多くの点を通る補間式を求める場合，ひとつの式で表現しようとすると無理が生じてかえって悪い結果になることがあります．そこで一度につなぐことはやめて，小区間に分けてそれらをうまくつなぎあわせるという考え方があります．たとえば 2 点ずつの組に分けて，1 次式でつなぐという方法（いいかえれば折れ線近似）もありますが，このような場合にはつなぎ目において 1 階導関数は不連続になります．

スプライン補間法もこのような考え方で 3 次式の補間式 $s(x)$を構成しますが，つなぎ目ではなるべく高階の導関数まで連続になるようにします．具体的には

1. 求める関数 $s(x)$は各区間$[x_k, x_{k+1}]$ ($k = 0, 1, 2, \cdots, n-1$) で 3 次式
2. $s(x_k) = y(x_k) = y_k (k = 1, 2, \cdots, n-1)$
3. $s(x), s'(x), s''(x)$が考えている区間 $[a, b]$ で連続

とします（$a = x_0, b = x_n$）.

求める多項式 $s(x)$は 3 次式なので，2 階微分すると 1 次式になります．そこで，考えている区間$[x_k, x_{k+1}]$の両端において未知数である s'' の値を ${s''}_k$, ${s''}_{k+1}$ と記せば，

$$s''(x) = \frac{x_{k+1} - x}{x_{k+1} - x_k}{s''}_k + \frac{x - x_k}{x_{k+1} - x_k}{s''}_{k+1} \quad (x_k \le x \le x_{k+1})$$

となります．この式を 2 回積分して，$s(x_k) = y_k$ および $s(x_{k+1}) = y_{k+1}$ となるように積分定数を決めれば，$x_k \le x \le x_{k+1}$ において次式が得られます．

$$\begin{aligned} s(x) = &\frac{(x_{k+1} - x)^3}{6(x_{k+1} - x_k)}{s''}_k + \frac{(x - x_k)^3}{6(x_{k+1} - x_k)}{s''}_{k+1} \\ &+ \left(\frac{1}{x_{k+1} - x_k}y_k - \frac{x_{k+1} - x_k}{6}{s''}_k\right)(x_{k+1} - x) \\ &+ \left(\frac{1}{x_{k+1} - x_k}y_{k+1} - \frac{x_{k+1} - x_k}{6}{s''}_{k+1}\right)(x - x_k) \end{aligned} \qquad \text{(A.16)}$$

次に式(A.16)を 1 回微分して $x = x_k$ とおけば，$x_k \le x \le x_{k+1}$ で

$$s'_k = \frac{x_{k+1} - x_k}{6}(2{s''}_k + {s''}_{k+1}) + \frac{1}{x_{k+1} - x_k}(y_{k+1} - y_k) \qquad \text{(A.17)}$$

となります．となりの区間$x_k \leq x \leq x_{k+1}$でも同様に計算すれば

$$s'_k = \frac{x_k - x_{k-1}}{6}(2s''_k + s''_{k-1}) + \frac{1}{x_k - x_{k-1}}(y_k - y_{k-1}) \tag{A.18}$$

となりますが，３番目の仮定から式(A.17)と式(A.18)は等しいため，次式が得られます．

$$\begin{aligned}&(x_k - x_{k-1})s''_{k-1} + 2(x_{k+1} - x_{k-1})s''_k + (x_{k+1} - x_k)s''_{k+1} \\ &= 6\left(\frac{y_{k+1} - y_k}{x_{k+1} - x_k} - \frac{y_k - y_{k-1}}{x_k - x_{k-1}}\right)\end{aligned} \tag{A.19}$$

この方程式が$k = 1, \cdots, n-1$の各点で成り立つため，式(A.19)は未知数s''_0, s''_1, …, s''_nに対する３項方程式になっています．しかし，未知数の個数が方程式の個数より２個多いため，解は一通りには決まりません．そこで，解を一意に決めるため，ふつうは新たな条件として

$$s''_0 = 0, \quad s''_n = 0 \tag{A.20}$$

が課されます．このようなスプラインを自然なスプラインとよんでいます．

<３次のスプラインのアルゴリズム>

(σ_kはs''に対応)

1．データn, x, $(x_k, f_k)(k = 0, 1, \cdots, n)$を入力します．
2．次の連立１次方程式を立てます$(k = 1, 2, \cdots, n-1)$．

$$\begin{aligned}&(x_k - x_{k-1})\sigma_{k-1} + 2(x_{k+1} - x_{k-1})\sigma_k + (x_{k+1} - x_k)\sigma_{k+1} \\ &\quad = 6\{(y_{k-1} - y_k)/(x_{k+1} - x_k) - (y_k - y_{k-1})/(x_k - x_{k-1})\}\end{aligned}$$

3．境界条件を課します（$\sigma_0 = \sigma_n = 0$のとき自然なスプライン）
4．連立１次方程式を解いてσ_kを求めます．
5．$s_k(x) = \{\sigma_{k+1}(x - x_k)^3 - \sigma_k(x - x_{k+1})^3\}/6h_k$

$$\begin{aligned}&+(y_{k+1}/h_k - h_k\sigma_{k+1}/6)(x - x_k) \\ &-(y_k/h_k - h_k\sigma_k/6)(x - x_{k+1})\end{aligned}$$

ただし，$h_k = x_{k+1} - x_k$ $(k = 1, 2, \cdots, n-1)$

Appendix B
問題略解

Chapter 1

1. 行列式を展開してから各項ごとに計算するとします．n 次の行列式は $n-1$ 次の行列式を用いて帰納的に

$$|A| = \begin{vmatrix} a_{11} & a_{12} & \cdots & a_{1n} \\ a_{21} & a_{22} & \cdots & a_{2n} \\ \vdots & \vdots & \vdots & \vdots \\ a_{n1} & a_{n2} & \cdots & a_{nn} \end{vmatrix} = a_{11} \begin{vmatrix} a_{22} & a_{23} & \cdots & a_{2n} \\ \vdots & \vdots & \vdots & \vdots \\ a_{n2} & a_{n3} & \cdots & a_{nn} \end{vmatrix}$$

$$-a_{12} \begin{vmatrix} a_{21} & a_{23} & \cdots & a_{2n} \\ \vdots & \vdots & \vdots & \vdots \\ a_{n1} & a_{n3} & \cdots & a_{nn} \end{vmatrix} + \cdots + (-1)^{n+1} a_{1n} \begin{vmatrix} a_{21} & a_{22} & \cdots & a_{2n-1} \\ \vdots & \vdots & \vdots & \vdots \\ a_{n1} & a_{n2} & \cdots & a_{nn-1} \end{vmatrix}$$

で定義されます．したがって，n 次行列式の項数は $n-1$ 次行列式の項数の n 倍あります．1 次行列式は 1 項なので，n 次行列式の項数は $n \times (n-1) \times \cdots \times 1 = n!$ です．また，上の定義式から 1 つの項には要素 a_{ij} の $(n-1)$ 回の乗算が必要です．以上から乗算の回数は $(n-1)n!$ 回です．

2. 前者で計算する場合，各項の値が順に急速に小さくなるため情報落ちがおきます．後者の場合は小さな値から和を求めるため情報落ちがおきにくくなります．したがって後者の方がよいと考えられます．

3. $A=\bar{A}+a$，$B=\bar{B}+b$ とすれば a，b は小さいので，$AB=(\bar{A}+a)(\bar{B}+b) \fallingdotseq \bar{A}\bar{B}+b\bar{A}+a\bar{B}$．したがって，絶対誤差は $a\bar{B}+b\bar{A}$ であり，また $A/B=(\bar{A}+a)/(\bar{B}+b)=(\bar{A}+a)(\bar{B}-b)/(\bar{B}^2-b^2) \fallingdotseq \bar{A}/\bar{B}+a/\bar{B}-b\bar{A}/\bar{B}^2$ となるため，絶対誤差は $a/\bar{B}-b\bar{A}/\bar{B}^2$ となります．

Chapter 2

1.　$f(x) = x^3 - a$ として公式にあてはめると

$$x_{n+1} = \frac{2x_n^3 + a}{3x_n^2}$$

となります．したがって $a = 2$ として，$x_0 = 1$ から始めると

$$x_1 = \frac{2+2}{3} = \frac{4}{3}$$

$$x_2 = \frac{2 \times (4/3)^3 + 2}{3 \times (4/3)^3} = \frac{91}{72}$$

$$x_3 = \frac{2 \times (91/72)^3 + 2}{3 \times (91/72)^3} = \frac{1126819}{894348} = 1.25993$$

2.　$x^2 + ax + b = 0$ にニュートン法を適用して $x_{n+1} = x_n - (x_n^2 + ax_n + b)/(2x_n + a)$．両辺から解 α を引くと，$x_{n+1} - \alpha = (2x_n^2 + ax_n - x_n^2 - ax_n - b + (\alpha^2 + a\alpha + b) - 2x_n\alpha - a\alpha)/(2x_n + a) = (x_n - \alpha)^2/(2x_n + a)$ となるための2次の収束とみなせます．一方，重根のときは，$a = -2\alpha$ をこの式に代入すれば，$x_{n+1} - \alpha = (x_n - \alpha)/2$ となるため，1回の反復では解との差は 1/2 になるだけです．

3.

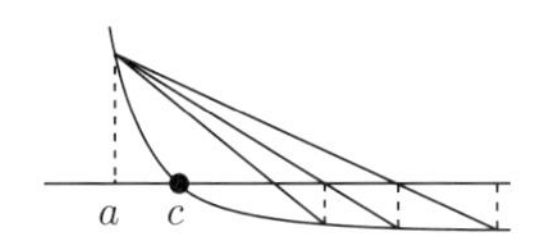

Chapter 3

1. $x-y+z=5$, $3y-z=-4$, $(5/3)z=5/3$より$z=1$, $y-1$, $x=3$

2. はじめに第1式を用いて第2式以降からxを消去するため，(第1式)+(第2式)，(第3式)−(第1式)，(第4式)−2×(第1式)を計算すると

$$\begin{aligned} x-4y+3z\ \ -u&=-3\\ -z-3u&=-8\\ -y\ \ -z+2u&=7\\ 3y-2z\ \ -u&=-1 \end{aligned}$$

となります．このままでは消去が続けられないので2番目と3番目の方程式を交換して消去を続けると，

$$\begin{aligned} x-4y+3z\ \ -u&=-3\\ -y\ \ -z-2u&=7\\ z-3u&=-8\\ -5z+5u&=20 \end{aligned} \qquad \begin{aligned} x-4y+3z\ \ -u&=-3\\ -y\ \ -z\ \ -2u&=7\\ z\ \ -3u&=-8\\ -10u&=-20 \end{aligned}$$

となります．そこで下から順に解けば以下の結果が得られます．

$u=2$, $z=-2$, $y=-1$, $x=1$

3. ヤコビ法では11回の反復，ガウス・ザイデル法では6回の反復で$(x, y, z)=(3.000, -1.000, 1.000)$になります．

Chapter 4

1.

$$l_0(0.15)=\frac{(0.15-0.1)(0.15-0.2)}{(0-0.1)(0-0.2)}=-0.125$$

$$l_1(0.15)=\frac{(0.15-0)(0.15-0.2)}{(0.1-0)(0.1-0.2)}=0.75$$

$$l_2(0.15)=\frac{(0.15-0)(0.15-0.1)}{(0.2-0)(0.2-0.1)}=0.375$$

より関数値は

$$f(0.15)=0\times(-1.125)+0.75\times0.098334+0.375\times0.198669=0.149376$$

2. $H_1(x_{i-1})=f_{i-1}$, $H_1(x_i)=f_i$, $H_1'(x_{i-1})=f'_{i-1}$, $H_1'(x_i)=f'_i$を示します．

3. $H_1(0.15)=0.098334+0.995004\times(0.15-0.1)$
$+\{(0.198669-0.098334)-(0.2-0.1)\times0.995004\}\times(0.15-0.1)^2/(0.2-0.1)^2$
$+\{(0.2-0.1)\times(0.995004+0.980067)-2\times(0.198669-0.098334)\}$
$\times(0.15-0.1)^2(0.15-0.2)/(0.2-0.1)^3=0.148688$

Chapter 5

1.　ラグランジュの補間法を利用します．
$u = u_{j-1}((x-x_j)(x-x_{j+1})(x-x_{j+2}))/((x_{j-1}-x_j)(x_{j-1}-x_{j+1})(x_{j-1}-x_{j+2}))+\cdots$
より
$d^3u/dx^3 = 6u_{j-1}/((x_{j-1}-x_j)(x_{j-1}-x_{j+1})(x_{j-1}-x_{j+2}))$
$+6u_j/((x_j-x_{j-1})(x_j-x_{j+1})(x_j-x_{j+2}))$
$+6u_{j+1}/((x_{j+1}-x_{j-1})(x_{j+1}-x_j)(x_{j+1}-x_{j+2}))$
$+6u_{j+2}/((x_{j+2}-x_{j-1})(x_{j+2}-x_j)(x_{j+2}-x_{j+1}))$
特に等間隔($=h$)ならば$d^3u/dx^3 = (u_{j+2}-3u_{j+1}+3u_j-u_{j-1})/h^3$

2.　区分求積法：$(1/1+1/1.1+\cdots+1/1.9)/10 = 0.71877$
台形公式：$(1/1+2/1.1+2/1.2+\cdots+2/1.9+1/2)/20 = 0.69377$
シンプソンの公式：$(1/1+4/1.1+2/1.2+4/1.3+2/1.4+$
$\cdots+2/1.8+4/1.9+1/2)/30 = 0.69315$

3.
$$(x_j-x_{j-1})f_{j-1}+\frac{(x_j-x_{j-1})^2}{2}f'_{j-1}+\frac{(x_j-x_{j-1})}{3}(f_j-f_{j-1})$$
$$-\frac{(x_j-x_{j-1})^2}{3}f'_{j-1}-\frac{(x_j-x_{j-1})^2}{12}\left(f'_{j-1}+f'_j\right)+\frac{x_j-x_{j-1}}{6}(f_j-f_{j-1})$$
となります．さらに積分区間が等間隔の場合は $h = x_j - x_{j-1}$ とおいて和をとります．

Chapter 6

1.

	(a)		(b)	
	0.00	0.0000000	0.00	1.0000000
	0.25	0.5000000	0.25	1.2500000
	0.50	0.6250000	0.50	1.5000000
	0.75	0.6562500	0.75	1.7500000
	1.00	0.6640625	1.00	2.0000000

2.

	(a)		(b)	
	0.00	0.0000000	0.00	1.0000000
	0.25	0.3125000	0.25	1.2500000
	0.50	0.4785156	0.50	1.5000000
	0.75	0.5667114	0.75	1.7500000
	1.00	0.6135654	1.00	2.0000000

3.
(a) $\dfrac{dy}{dx} = z,\ \dfrac{dz}{dx} = -y,\ y(0)=2,\ z(0)=0$
(b) $y_{j+1}+iz_{j+1}=(y_j-hz_j)+i(y_j-hz_j)=(1-ih)(y_j+iz_j)$　$(i=\sqrt{-1})$
$y_{j+1}-iz_{j+1}=(y_j-hz_j)-i(y_j-hz_j)=(1+ih)(y_j-iz_j)$
(c) $y_j+iz_j=(1-ih)^j(y_0+iz_0)=2(1-ih)^j$
$y_j-iz_j=(1+ih)^j(y_0-iz_0)=2(1+ih)^j$
$y_j=(1+ih)^j+(1-ih)^j,\ z_j=i((1+ih)^j-(1-ih)^j)$

Chapter 7

1. $u(1/3, 1/3)=x$, $u(2/3, 1/3)=y$, $u(1/3, 2/3)=z$, $u(2/3, 2/3)=w$
とおいて差分方程式をつくれば,

$(y+z+0+0-4x)/(1/3)^2=1$

$(-1/6+x+w+0-4y)/(1/3)^2=3$

$(x+5/6+w-4z)/(1/3)^2=0$

$(1/3+4/3+y+z-4w)/(1/3)^2=2$

となるため, これらを解いて $x=1/18$, $y=0$, $z=1/3$, $w=4/9$

2. 表において $j=6, 7, \cdots, 10$ は $j=5$に関して対称なので記していません.

n \ j	0	1	2	3	4	5
1	0.000000	0.200000	0.400000	0.600000	0.800000	1.000000
2	0.000000	0.200000	0.400000	0.600000	0.800000	0.920000
3	0.000000	0.200000	0.400000	0.600000	0.784000	0.872000
4	0.000000	0.200000	0.400000	0.596800	0.764800	0.836800
5	0.000000	0.200000	0.399360	0.591040	0.745600	0.808000
6	0.000000	0.199872	0.397824	0.588616	0.727168	0.783040

Appendix C

プログラム例

プログラム 1　2 次方程式

プログラム 2　ニュートン法による非線形方程式の解法

$f(x) = \cos x - x^2 = 0$ を解いています.

プログラム 3　2 分法と修正 2 分法（Regula − Falsi 法）による非線形方程式の解法

$f(x) = \cos x - x^2 = 0$ を解いています.

プログラム 4　ガウスの消去法による連立 1 次方程式の解法

プログラム 5　ヤコビの反復法による連立 1 次方程式の解法

プログラム 6　ガウス－ザイデル法による連立 1 次方程式の解法

プログラム 7　ラグランジュ補間法

プログラム 8　最小 2 乗法

連立 1 次方程式の解法には掃き出し法を用いています.

プログラム 9　台形公式による数値積分

$$I = \int_A^B \sqrt{1 - x^2} dx$$

を計算しています.

プログラム 10　シンプソンの公式による数値積分

$$I = \int_A^B \sqrt{1 - x^2} dx$$

を計算しています.

プログラム 11　オイラー法による 1 階微分方程式の解法

1 階微分方程式の初期値問題

$$\frac{dy}{dx} = (x^2 + x + 1) - (2x + 1)y + y^2$$
$$y(x_0) = y_0$$

を解いています．

なお，$y(0) = 0.5$ の場合の厳密解は

$$y = \frac{xe^x + x + 1}{e^x + 1}$$

です．

プログラム 12　4 次のルンゲ・クッタ法による 1 階微分方程式の解法

1 階微分方程式の初期値問題

$$\frac{dy}{dx} = (x^2 + x + 1) - (2x + 1)y + y^2$$
$$y(x_0) = y_0$$

を解いています．なお，$y(0) = 0.5$ の場合の厳密解は

$$y = \frac{xe^x + x + 1}{e^x + 1}$$

です．

※本プログラムはインデックス出版のホームページよりダウンロードできます．

https://www.index-press.co.jp/download/

ユーザー名　CM37XEED

パスワード　XW56KA77

プログラムは Fortran 90，C，Excel および Python の 4 種類となっています．

索　引

あ

か

さ

た

な

は

ま

や

ら

【著者紹介】

河村 哲也（かわむら てつや）
お茶の水女子大学 名誉教授
放送大学客員教授

コンパクトシリーズ 数学（すうがく） 数値計算（すうちけいさん）【第二版】　検印省略

2018年12月12日　初版第1刷発行
2021年9月1日　第2版発行

著　者　河村哲也
発行者　田中壽美

発行所　インデックス出版
〒191-0032　東京都日野市三沢1-34-15
Tel 042-595-9102　Fax 042-595-9103
URL：https://www.index-press.co.jp/

ISBN978-4-910058-26-9　C3041